国家级实验教学示范中心建设成果

浙江大学农业与生物技术学院组织编写

高等院校实验实训系列规划教材

现代植物保护信息技术实验

Experiments in Modern Information Techniques in Plant Protection

主编　祝增荣

编委　唐启义　　吴慧明　　张敬泽

　　　刘占宇　　蒋艳冬　　钱　萍

　　　张敏菁

ZHEJIANG UNIVERSITY PRESS
浙江大学出版社

图书在版编目（CIP）数据

现代植物保护信息技术实验/祝增荣主编 . —杭州：
浙江大学出版社，2015.4
ISBN 978-7-308-14533-6

Ⅰ.①现… Ⅱ.①祝… Ⅲ.①信息技术－应用－植物
保护－实验－高等学校－教材 Ⅳ.①S4-39

中国版本图书馆 CIP 数据核字（2015）第 061154 号

现代植物保护信息技术实验

主编 祝增荣

丛书策划	阮海潮（ruanhc@zju.edu.cn）
责任编辑	阮海潮
封面设计	续设计
出版发行	浙江大学出版社
	（杭州市天目山路 148 号　邮政编码 310007）
	（网址：http://www.zjupress.com）
排　　版	杭州中大图文设计有限公司
印　　刷	杭州杭新印务有限公司
开　　本	787mm×1092mm　1/16
印　　张	9
彩　　插	6
字　　数	243 千
版 印 次	2015 年 4 月第 1 版　2015 年 4 月第 1 次印刷
书　　号	ISBN 978-7-308-14533-6
定　　价	29.00 元

序

　　浙江大学农业与生物技术学院有着百年发展历史。无论是在院系调整前的浙江大学农学院时期,还是在院系调整后的浙江农学院、浙江农业大学时期,无数前辈为农科教材的编写呕心沥血、勤奋耕耘,出版了大量脍炙人口、影响力大的精品。仅1956年,浙江农学院就有13门讲义被教育部指定为全国交流讲义;到1962年底,浙江农业大学有16种教材被列为全国试用教材;1978年主编的15门教材被指定为全国高等农业院校统一教材,全校40%的教师参加了教材的编写工作;1980—1998年,浙江农业大学共出版61部教材,其中11部教材为全国统编教材。这些教材的普及应用为浙江大学农科教学在全国农学领域树立声望奠定了坚实的基础。

　　1998年,浙江农业大学回到浙江大学的大家庭,并由原来的农学系、园艺系、植物保护系、茶学系等合并组建了农业与生物技术学院,在浙江大学学科综合、人才会聚的新背景下,农业学科的本科教学得到了进一步的发展。学院实施了“名师、名课、名书”工程,所有知名教授都走进了本科课程教学的讲堂;《遗传学》《园艺产品储运学》《植物保护学》《环境生物学》《生物入侵与生物安全》等5门课程被评为国家级精品课程,《生物统计学与试验设计》被评为国家级双语教学课程,《茶文化与茶健康》《植物保护学》已被正式列入中国大学视频公开课;2000—2010年,学院共出版教材39部,其中《遗传学》等9部教材入选普通高等教育“十一五”国家级规划教材。学院非常重视本科实验教学,建院初期就对各系所的教学实验室进行整合,成立了实验教学中心,负责全院的实验教学工作。经过十多年建设,中心已于2013年正式被教育部命名为“农业生物学实验教学示范中心”。目前中心每年面向农学、园艺、植保、茶学、园林、应用生物科学等10多个专业开设90门实验课程,450个实验项目。

所有实验指导教师也都是来自科研一线的教师,其中具有正高职称的教师的比例接近一半,成为中心实验教学的一大亮点。

　　为了鼓励教师及时更新实践教学内容,将最新的学科发展融入教材,2012年初学院组织各个学科的一线实验指导教师编写《农业与生物技术实验指导丛书》,并邀请了多位浙江大学的著名教授和浙江大学出版社的专家进行指导,力争出版的教材能很好地反映我院多年来的教学和科研成果,争取出精品、出名品。现在丛书的首批11部实验教材终于陆续付梓,在此我们感谢为该丛书编写和出版付出辛勤劳动的广大教师和出版社的工作人员,并恳请各位读者和教材使用单位对该丛书提出批评意见和建议,以便今后进一步改正和修订。

浙江大学农业与生物技术学院

2014 年 6 月 24 日

前　言

　　"民以食为天,食以安为先。"食品数量保障和品质安全乃天大之事。稻,当今世界五谷之首,可借"稻"之名泛指农作物。"稻"之道,非常道? 非也。护"稻",即"呼道",呼唤、探索、倡导保护农作物健康生长之"道",此即"植物保护(plant protection)"之大任。植物保护以"预防为主,综合治理"为工作方针,采用生态学为基础的系列技术,将病虫草鼠等有害生物控制在经济阈值和生态阈值之下,保障农作物产量和品质安全,同时保护生产环境的生态安全,可见植物保护是作物健康、产品健康、消费者健康和环境健康之"道"。

　　《管子》曰:"心君之位也,上离其道,下失其事。……毋先物动,以观其则。"讲的是心术,不也适于应对各种有害生物? 要问正道,就需要"各个部分正常发挥作用",即做好该做的"事","观其则"等。但如何"观其则"呢? 需要"器",即技术、工具。

　　子曰:"工欲善其事,必先利其器。"植物保护之"器"为何"物"? 何"术"? 上述"采用生态学为基础的系列技术"是也,包括农田景观规划设计、农业耕作制度、作物抗性、生物防治、物理防治,最后才是化学防治等手段。而今所有这些均离不开"信息技术(Information Technology,IT)",可谓"IT,植物保护之大器"、"农业发展的助力器"、"振兴经济的倍增器"。

　　植物保护各领域已是IT无所不在了,从有害生物及其天敌的识别、鉴定、分类,微观至基因组、蛋白组、代谢组学生物信息分析,中观至有害生物与各种环境和生物互作的化学、物理动态,宏观至其个体数量之自动计数、种群动态之监测、描绘和预测,各种治理措施之模拟优化,各种动态信息和治理决策之实时准确、及时有效、全方位传播,无IT即不可为也。不管是即将进入植物保护相关行业的新人们,还是植物保护专业的资深老兵们都不得不面对IT,也必须主动学习IT。

　　《现代植物保护信息技术实验》专门为植物保护学专业高年级本科学生的"现代植物保护信息技术"课程的实验课而编著。书中实验1~4是信息技术最基本、也是植物保护领域最早应用计算机技术的植物保护数据处理技术,为处理植物保护大数据打下重要基础;实验5~6针对有害生物的形态鉴定和分类、生物信息分析,顺应微观领域的IT需求;实验7~8为提高植保技术信息传播能力而设;实验

9采用简洁明了的电子表格组建系统模型模拟各种治理措施作用下有害生物的种群变动及其经济和生态效益;实验10则让同学们掌握宏观植物保护必不可少的全球定位系统的使用方法。为了顺应"互联网构建新世界"的"时代变换",近三年来"现代植物保护信息技术"的课程考核改变了前十年一直采用的"既济文化post-figurative culture"形式的"课程论文",采纳了"共济文化 co-figurative culture"和"未济文化 pre-figurative culture"形式,即实验12～14的大组集体大作业——制作专题视频、专业网页和公共微信号,激发了同学们无界限的学习激情、创造能力,取得了前所未有的效果。正是同学们的积极主动参与、IT本身的这些快速变换,使得这门以IT为主导内容、同时也是毕业班同学最后一门专业课课程成为客观上的顶峰体验课程(capstone experience course)。

　　本教材撰写分工如下:实验1～4由唐启义、祝增荣撰写;实验5～6由张敬泽撰写;实验7～8由吴慧明(现在浙江农林大学)撰写,张敏菁辅佐作图;实验9由祝增荣、张敏菁撰写;实验10由刘占宇(现在杭州师范大学)撰写;实验11～14分别由从学习本课程到成为本课程助教的蒋艳冬、张敏菁、钱萍三位博士生撰写。

　　没有承担该课程教学的上述同事和同学们的辛苦、高效的共同努力,难以成就本书,在此我由衷地感谢他们。同时,感谢作为本课程的奠基者、植物保护信息技术领域的先行者、我的恩师程家安教授的引路、指导、关心。感谢浙江大学农业与生物技术学院领导、本科教学实验中心肖建富教授、浙江大学出版社阮海潮老师的支持。

　　本书中引用的一些实例、数据、网页、图片、截图已经尽最大的努力指明了引用的文献,尚有不明之处,敬请原作者见谅。作为主编的我从本书策划、设计、撰写、修改到校稿等过程承担全部责任。由于成书仓促,不妥、不全、错误之处一定不少,望请同学们、读者们及时指出,并将宝贵建议反馈至:zrzhu@zju.edu.cn,以善本书,更为促进现代植物保护采纳信息技术,以善保护植物之"道"。

　　本书的部分内容得到了公益性(农业)行业项目(201003031、201403030)、国家自然科学基金项目(31371935)、科技部支撑项目(2012BAD19B01)、长三角科技联合攻关项目(13395810101)的支持,在此一并致谢。

祝增荣

目　　录

"现代植物保护信息技术"课程概况 ……………………………………………… 1

实验 1　植物保护数据的总体分布分析 …………………………………… 5

实验 2　植物保护数据中计量资料的分析 ………………………………… 15

实验 3　植物保护数据中分类资料的分析 ………………………………… 26

实验 4　植物保护数据的回归分析 ………………………………………… 34

实验 5　应用二叉式和多途径鉴定植物有害生物 ………………………… 45

实验 6　植物病虫害生物信息分析中的 Unix 系统命令应用 …………… 51

实验 7　植物保护知识、技术、产品图案文字制作 ………………………… 55

实验 8　植物保护浮动文字的制作——Flash 技巧 ……………………… 61

实验 9　系统控制与系统模拟——应用电子表格组建系统模拟模型 ……… 66

实验 10　GPS 的原理和应用 ……………………………………………… 74

实验 11　网络植物保护信息与网络 IPM 教材 ………………………… 85

实验 12　植物保护技术专题视频制作 …………………………………… 92

实验 13　植物保护专业网页制作 ………………………………………… 107

实验 14　植物保护专业的公共微信制作 ………………………………… 127

附录　课程论文参考选题 …………………………………………………… 135

"现代植物保护信息技术"课程概况

课程代码:16120361

课程名称:现代植物保护信息技术

英文名称:Modern Information Techniques in Plant Protection

课程学分:1.5　实验学分:0.5　实验总学时:16

面向对象:应用生物科学专业、植物保护学专业学生

预修课程要求:植物保护学或普通昆虫学、普通植物病理学、应用昆虫学或农业昆虫学、植物病理学

一、课程介绍

本课程介绍了现代植物保护的信息流;植物保护数据整理、处理和统计分析;有害生物的形态鉴定和分类、生物信息分析;数据库技术与(害虫预测预报与治理、农药监测、植物检疫)专家系统;植保技术信息传播所需多媒体教材、软件、计算机辅助设计、计算机辅助教学等多媒体技术和辅助工程、静态和动态图文制作技术处理和贮存技术;有害生物种群动态及其综合治理系统的模型模拟;3S(GIS/GPS/RS)原理与应用;网络植物保护信息的获取与分析;互联网尤其是移动互联网必需的专题视频、专业网页和公共微信号制作技术。

二、教学目标

(一)学习目标

随着科学技术的不断进步,信息学(Informatics)和信息技术(Information Technology,IT)在植物保护领域的应用日益广泛,客观上要求植物保护专业、学科方向的在校大学生必须掌握本专业领域内应用普遍的各类信息技术、引进新的信息技术、开拓其在本专业领域相应问题的信息技术解决方案。

(二)可测量结果

通过对"现代植物保护信息技术"课程的学习和实验操作,使学生初步了解目前信息学及信息技术在植物保护领域的应用状况和发展前景,掌握信息新技术,提高学生对学习信息学及信息技术的兴趣,为信息技术在农业生产、农业科学研究尤其是植物保护专业中的应用打下良好的基础。

三、课程要求(包括考勤制度、实验室安全、实验准备、实验报告、考核方式等)

1.考勤制度:每次实验课均要点名,有急事必须请假并得到老师同意。

2.实验室安全:为保证实验室的安全,本实验课程需要遵守以下几条规定:

(1)注意电路安全。

（2）实验课期间严禁浏览与课程内容无关的网页。

（3）不能穿拖鞋或凉鞋上课。

（4）戴上有保护作用的眼镜。

（5）不准带进食物、饮料、清醒剂。

3. 实验准备：由实验中心老师负责在实验课开始前开机，需要情况下联好网络。

根据课程要求，学生在实验课前需要准备和预习的内容。

4. 实验报告：除特别指出外，每个实验均需完成实验报告；实验报告必须在实验完成后的一周内由课代表上交任课教师，特别说明的报告要在一周内以电子版发给任课教师。

5. 考核方式：根据实验报告和操作表现打分，占总成绩的 20%；平时出勤和表现占 10%，大组制作作品占 70%。

四、主要仪器设备

每人一台台式联网电脑。

五、实验课程内容和学时分配

序号	实验项目名称	实验内容	学时分配	实验属性	实验类型	每组人数	实验要求	已开/未开
1	植物保护数据的总体分布分析	学习掌握 DPS 处理数据的总体分布分析技术	2	上机	设计型	1	备选	待开
2	植物保护数据中计量资料的分析	学习掌握 DPS 处理计量资料技术	2	上机	研究型	1	必做	已开
3	植物保护数据中分类资料的分析	学习掌握 DPS 处理计量数据技术	2	上机	设计型	1	备选	待开
4	植物保护数据的回归分析	学习掌握 DPS 处理回归分析技术	2	上机	研究型	1	必做	已开
5	应用二叉式和多途径鉴定植物有害生物	学习掌握多媒体技术和辅助工程	2	上机	设计型	1	必做	已开
6	植物病虫害生物信息分析中的 Unix 系统命令应用	学习掌握多媒体技术和辅助工程	2	上机	设计型	1	必做	已开
7	植物保护知识、技术、产品图案文字制作	学习掌握静态图像处理和贮存技术	2	上机	设计型	1	必做	已开
8	植物保护浮动文字的制作——Flash 技巧	学习掌握动态图像处理和贮存技术	2	上机	设计型	1	必做	已开
9	系统控制与系统模拟——应用电子表格组建系统模拟模型	学习掌握应用电子表格组建系统模拟模型	2	上机	设计型	1	必做	已开
10	GPS 的原理和应用	学习掌握 GPS 的原理和应用	2	上机	验证型	1	必做	已开
11	网络植物保护信息与网络 IPM 教材	学习掌握网络植物保护相关教材的获取与分析、IPM 教材节选翻译	2	上机	验证型	1	必做	已开

续表

序号	实验项目名称	实验内容	学时分配	实验属性	实验类型	每组人数	实验要求	已开/未开
12	大组制作、考核	大组制作一个植物保护专业题材视频节目	课外	综合/设计、上机	设计型	3～4	12～14选1	已开
13	大组制作、考核	大组制作一个植物保护专业网页	课外	综合/设计、上机	设计型	3～4	12～14选1	已开
14	大组制作、考核	大组制作一个植物保护专业公共微信	课外	综合/设计、上机	设计型	3～4	12～14选1	已开

注:实验属性指演示、验证/传统、综合/设计、上机。实验类型指演示型、验证型、设计型、研究型。

六、参考教材及相关资料

[1] Dichotomous keys：(http://www.lucidcentral.org/keys/dichotomous.htm)

[2] Multi-access keys：(http://www.lucidcentral.org/keys/multiaccess.htm)

[3] [美]Nelson K 著(益嘉创作室改编).VisualFoxpro6.0 中文版自学教程.北京:清华大学出版社,1999.

[4] Norton G A，Mumford J D. Decision Tools for Pest Management. Wallingford，United Kingdom：CAB International，1993.

[5] Radcliffe's IPM World Textbook from University of Minnesota. ipmworld.umn.edu.

[6] Samuel M. Scheiner，Jessica Gurevitch 编著.生态学实验设计与分析.第 2 版.牟溥主译.北京:高等教育出版社,2008.

[7] Zhang X Y and Kempenaar C. Agricultural Extension System in China. 2009. edepot.wur.nl/15332.

[8] 程登发.我国植保信息技术的发展与展望.植物保护,1998(2);33—36.

[9] 杜劲峰.北京市蔬菜主要病害管理信息系统研究[D].黑龙江大学,2010.

[10] 淦爱华,陈刚,马占鸿.浅谈信息技术在植物病理学中的应用.植物保护,2003(4);47—48.

[11] 合众思壮.eTrexVista(展望)中文说明书.2007-01-24. http://www.unistrong.com/admin/upload/download/manual/cn_Vista.pdf

[12] 贺雪晨,赵琰,赵萍,等.多媒体技术实用教程.第 2 版.北京:清华大学出版社,2008:140.

[13] 刘毓敏,等.数字视音频技术应用.北京:机械工业出版社,2003.

[14] 乔海燕.植保系统信息化建设中存在的问题及建议.北京农业,2013(21):43.

[15] 唐启义.DPS 数据处理系统:第一卷 基础统计与实验设计.第 3 版.北京:科学出版社,2013:1—429.

[16] 唐启义.DPS 数据处理系统:第二卷 现代统计与数据挖掘.第 3 版.北京:科学出版社,2013:437—871.

[17] 唐启义.DPS 数据处理系统:第三卷 专业统计及其他.第 3 版.北京:科学出版社,

2013:875—1320.

[18] 武向文,郭玉人.上海市农业有害生物预警系统的设计与开发.中国植保导刊,2008
　　　(10):32—34.

[19] 许骏.计算机信息技术基础.北京:科学出版社,1998.

[20] 严巍,李琳壹.信息技术在植保领域的应用.园林科技信息,2005(1):38—40.

[21] 杨同建.农业信息化服务平台的研究与开发[D].山东大学,2012.

[22] 尹哲,赵中华.我国植保信息技术应用进展与前景展望.中国植保导刊,2014(4):
　　　69—72.

[23] 俞瑞钊,陈奇.智能决策支持系统实现技术(计算机应用技术前沿丛书).杭州:浙江大学
　　　出版社,2000.

[24] 张虹,姜淑娟,刘迎春,等.软件开发工具.北京:清华大学出版社,2004.

[25] 张永强,刘丽红,吴仕源.多媒体技术在植物保护中的应用和发展前景.植物医生,2003
　　　(6):4—6.

[26] 郑晓东,兰惊雷.推进山西植保信息化建设的思考.中国农业信息,2014(12):9—11.

[27] 祝增荣,等.现代植物保护信息技术.北京:科学出版社,2015.

实验 1　植物保护数据的总体分布分析

一、背　景

　　植物保护信息尤其是数值信息的处理,离不开计算机应用软件的支持。业界有众多应用软件在推广、普及、销售、流行。国外统计软件影响大、功能强,常用的有 SAS、SPSS,Statistica、Stata 等;国产统计软件具有中文界面、易学易懂、操作方便的特点。微软的 Excel 数据工作表(Sheet)里操作数据整齐、简洁,但所具备的数据分析模块比较简单。SPSS 的英文全称是 Statistical Package for the Social Sciences,即"社会科学统计软件包",但是随着 SPSS 产品服务领域的扩大和服务深度的提高,SPSS 公司已于 2000 年正式将英文全称更改为 Statistical Product and Service Solutions,即"统计产品与服务解决方案",标志着 SPSS 的应用已经涉及自然科学、医学、农业等更为广阔的领域,植物保护领域当然也不例外,但其数据输入比较"死板",使用并不方便。

　　数据处理系统(Data Processing System,DPS)(唐启义,2013)应用软件将试验设计、统计分析、数值计算、模型模拟以及数据挖掘等功能融为一体,提供了全方位的数据处理功能。它完善的统计分析功能涵盖了几乎所有的统计分析技术,是目前国内统计分析功能最全的软件包。它既有 Excel 那样方便地在工作表(Sheet)里进行基础统计分析的功能,又实现了 SPSS 的高级统计分析技术。DPS 提供的十分方便的可视化操作界面,可借助图形处理的数据建模功能为处理复杂模型提供最直观的途径。

　　植物保护信息处理最基本的方法是通过取样调查来估计病虫草鼠等有害生物在田间的密度、发育进度(流行速度)及对农作物的为害程度等。而这些取样调查须事先了解一定虫期或病害发生期在田间的分布特点,并根据这种分布特点来选定适宜的取样调查方法。

　　在通常情况下,有害生物发生密度在田间的分布呈现连续变量分布,最常见的为正态分布、对数正态分布、Weibull 分布、Gamma 分布、Beta 分布。但也有不少的有害生物在空间以个体形式存在,其个体的空间分布为离散分布。

　　为了检查有害生物的空间分布类型,须先根据各个分布类型的理论概率分布公式计算出观察样本的理论频次,再用卡方统计量检验各种分布类型理论假设总体 X 的分布函数 $F(x)$。若 $x_1,x_2,\cdots,x_n$ 为其样本观察值,为了检验 $F(x)$ 是否与预先给定的分布函数 $F_0(x)$ 相同,可以检验假设 $H_0:F(x)=F_0(x)$,$H_1:F(x)\neq F_0(x)$。检验时,根据卡方值及其自由度,计算显著性水平 P 值,与给定的 α 比较,若 $P>\alpha$,接受原假设,理论频次和实测频次一致,即实测样本属于该种分布类型。DPS 提供了常见的几种分布适合度检验。

二、实验目的

　　掌握数据处理系统的安装及其窗口,了解数据统计分布检验方法的使用,熟悉 DPS 数据文件的创建,掌握 DPS 常用函数的应用。

三、DPS 窗口

运行 DPS 的 Setup. exe 程序,完成安装,鼠标双击 DPS 图标,在 Windows 下运行、打开如图 1-1 所示的 DPS 窗口。

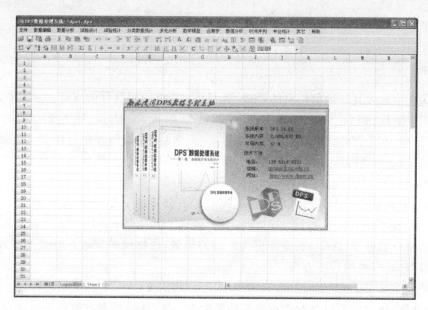

图 1-1 数据处理系统(Data Processing System,DPS)窗口

在 DPS 窗口,顶部是菜单栏及如图 1-2 所示的常用操作及矩阵运算工具栏,中部是数据运算的电子表格,底部是数学建模的公式区。电子表格与公式区可用鼠标拖动窗框调整大小。

打开	保存	另存	打印	剪切	复制	粘贴	选择性粘贴	返回	前进	列插入	行删除	行插入	列删除	增/减小数位	公式及填充	重算	导数	预测	文字	字体颜色	表格	排序	上网	作图	插入图	用户定制
选择	检查	填充	转置	01化	转换	多项式	行列计算	矩阵加	矩阵减	矩阵乘	矩阵求逆		均值与方差			矩阵乘积及其它相关计算										

图 1-2 DPS 工具栏

在 DPS 电子表格中,可在指定单元格输入数据,也可用工具栏"打开文件"按钮或文件菜单"打开"命令打开数据文件。用工具栏"保存文件"按钮或文件菜单"保存"命令,可保存数据为默认的 Dpsw. dps 文件或 Excel 格式文件。用工具栏"另存为"按钮或文件菜单"另存为"命令,可指定文件名,可指定 DPS 文件(. dps)、文本文件(. txt)、Excel 文件(. xls)等类型(图 1-3)。

数据保存后,可选择文件菜单的"新建"命令,打开新的空白电子表格。

用鼠标点击标题栏"关闭"按钮或文件菜单"退出"命令(快捷键 Alt＋F4),会出现对话框提示是否存盘,选择"Yes",可以保存文件并退出 DPS;选择"No",可以不保存文件而退出 DPS;选择"Cancel",返回 DPS 继续编辑。

文　件	编　辑	帮　助
新建	结果在本页输出	系统信息
打开数据文件	选择性粘贴	DPS 教程
插入数据文件	文本转换为数值	用户信息反馈
导入 Excel 2007 数据表	字符串转换为数值	DPS 主页 http://www.dpsw.cn
导入 Access 数据库	设置成文本格式	系统升级(v14.50)
导入 DBF 数据库	数据行列转换	用户功能定制
保存	行列重排	
另存为	合并单元格	
保存当前单元格的形	拆分单元格	
打印预览	设置表格行列数	
退出	增加一页	
	删除当前页	

图 1-3　DPS 文件、编辑及帮助菜单

四、统计函数的使用

DPS 电子表格默认为 100 行、50 列("新建"命令默认为 8 列),可用数据编辑菜单中的"表格尺寸"命令或常用工具栏"表格尺寸"按钮进行设置,设置行、列不限。电子表格的每一格称为单元格,第 A 列第 1 行单元格的坐标记为 A1,A1、B2 为左上、右下角的区域的坐标记为 A1：B2。

用鼠标单击或拖动,可以选定单元格对象。用鼠标单击开始单元格,再按住 Shift 键不放击结束单元格,可以选定连续区域。选定区域后,再按住 Ctrl 键不放用鼠标击或拖动,可以选定多个区域。

对选定对象,用鼠标击工具栏"设置数值格式",可以设置数据的小数位数。用鼠标击工具栏"调整小数位数"按钮,可以调整数据的小数位数(鼠标左击增加、右击减少)。用工具栏的"剪切"、"复制"、"粘贴"按钮,或用鼠标右键击选定对象于快捷菜单选择"剪切"、"复制"、"粘贴"命令,可以进行对象的剪切、复制、粘贴操作。

选定单元格,可以按等号键输入表达式。表达式可以包含＋、－、*、/、^、( )六种运算符号及内置函数,按回车键可以在当前光标下输出计算结果。

选定单元格,用鼠标击工具栏"输入公式"按钮,可于如图 1-4 所示的对话框中输入表达式。用鼠标击对话框的"函数"按钮,打开函数向导,可选常用、统计、表、字符串、财政金融等类型,可用鼠标双击输入指定的函数。表达式输入后,用鼠标击"计算"按钮可于对话框显

示计算结果,击"OK"按钮,可于当前单元格输出计算结果。

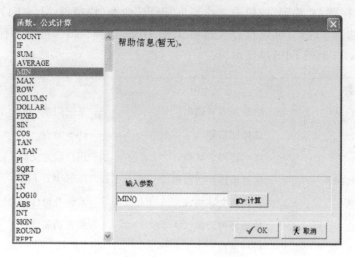

图 1-4　DPS 函数输入界面

常用的统计函数如表 1-1 所示,注意总体概率均是计算累积概率 $P(X \geqslant k)$ 值。

表 1-1　常用的统计函数

函　数	功　能	函　数	功　能
$bin(n,k,p)$	二项分布 $P(X \geqslant k)$ 值	$poisson(k,\lambda)$	泊松分布 $P(X \geqslant k)$ 值
$norm(x)$	标准正态分布 $\varphi(x)$ 值	$pnorm(x)$	标准正态分布双侧界值
$probchi(df,x)$	χ^2 分布 $P(X \geqslant k)$ 值	$chitest(df,\alpha)$	χ^2 分布单侧界值
$probt(df,x)$	t 分布 $P(X \geqslant k)$ 值	$ttest(df,\alpha)$	t 分布单侧界值
$probf(df_1,df_2,x)$	F 分布 $P(X \geqslant k)$ 值	$ftest(df_1,df_2,x)$	F 分布单侧界值
average(区域,条件)	求区域满足条件单元平均值	sum(区域,条件)	求区域满足条件单元的和
vars(区域)	求区域单元的样本方差	std(区域)	求区域单元的样本标准差
max(区域,条件)	求区域满足条件单元最大值	min(区域,条件)	求区域满足条件单元最小值
freq(区域)	频率分布	$rand(n)$	产生 $0 \sim n$ 随机数, $n \leqslant 16777213$

例 1　某作物种子的发芽率为 80%,请计算 200 粒种子有 150～190 粒发芽的概率。

解　200 粒种子的发芽数 $X \sim B(k,200,0.8)$, $P(150 \leqslant X \leqslant 190) = P(X \geqslant 150) - P(X \geqslant 191)$,用鼠标击空白单元格,用工具栏"输入公式"按钮,输入表达式

$$bin(200,150,0.8) - bin(200,191,0.8)$$

用鼠标击"计算"按钮可得计算结果 0.9655,击"确定"按钮可于选定单元格输出结果。

例 2　某险种保费为 10 元,出险后获赔 5000 元。若有 8000 人参保,出险率为 0.0015,则保险公司亏本的可能性为多大?

解　出险人数 $X \sim P(k,8000 \times 0.0015) = P(k,12)$,保险公司亏本需计算 $P(X \geqslant 17)$,鼠标击空白单元格,选择常用工具栏"输入公式"按钮,输入

$$poisson(17,12)$$

用鼠标击"确定"按钮可输出结果 0.1013,用鼠标左键多次击常用工具栏"调整小数位数"

按钮可输出 0.1012910074,用鼠标右键多次击"调整小数位数"按钮可输出 0.10。

例 3　计算二项分布 $B(5,k,\alpha)$ 的分布函数值 $F(k)$ 表。

解　在 A1 输入 0,选定 A2：A6,用工具栏"公式填充"按钮输入如下公式：

$$A1+1$$

形成一列 k 值。由 $F(k)=1-P(X\geqslant k+1)$,选定 B1：B7,用工具栏"公式填充"按钮输入公式：

$$1-\text{bin}(5,A1+1,0.01)$$

形成 $\alpha=0.01$ 的一列 $F(k)$ 值。用类似方法计算其他 α 值情形,得到如表 1-2 所示的分布函数值表。

表 1-2　二项分布 $B(5,k,\alpha)$ 的分布函数值

k	分布函数值								
0	0.950990	0.903921	0.858734	0.815373	0.773781	0.733904	0.695688	0.624032	0.590490
1	0.999020	0.996158	0.991528	0.985242	0.977407	0.968129	0.957507	0.932619	0.918540
2	0.999990	0.999922	0.999742	0.999398	0.998842	0.998030	0.996920	0.993659	0.991440
3	1.000000	0.999999	0.999996	0.999988	0.999970	0.999938	0.999887	0.999696	0.999540
4	1.000000	1.000000	1.000000	1.000000	1.000000	0.999999	0.999998	0.999994	0.999990
5	1.000000	1.000000	1.000000	1.000000	1.000000	1.000000	1.000000	1.000000	1.000000

五、DPS 数据文件的创建

用鼠标击常用工具栏的"打开文件"按钮,或选择文件菜单"打开"命令,可以选择文件夹、文件类型、文件名,打开 DPS 文件(.dps)、文本文件(.txt)、Excel 文件(.xls)。

DPS 的编辑菜单如图 1-3 所示。Word 文档表格数据可直接复制、粘贴到 DPS 电子表格中。Word 文档中用空格分隔的文本数据,可在复制、粘贴后用主菜单"数据编辑"下面的"文本转换为数值"命令转换为 DPS 数据格式。

选定数据块,用数据编辑菜单的"数据行列转换"命令可把每一行转换为每一列,用"行列重排"命令可按指定的行或列数重新排列数据,用"单元格编辑工具"可于出现的工具栏进行文本格式操作。

用数据编辑菜单中的"查找"或"替换"命令可进行文本的查找或替换操作,用"数据排序"命令可实现数据的排序,用"分类汇总"命令可完成数据的分类汇总。

用数据编辑菜单中的"表格尺寸"命令可指定电子表格的行数和列数,用"增加一页"命令可插入电子表格,用"设置当前页标签"命令可为电子表格命名,用"删除当前页"命令可删掉电子表格。

选择数据编辑菜单的"撤消/重做"命令,可取消或重复刚完成的操作。

例 4　如在 Word 文档中已经存放 100 株水稻株高数据,用此数据块,创建 DPS 数据文件。

解　对于 Word 文档,用鼠标选定数据块,击"复制"按钮;对于 DPS 电子表格,用鼠标选定单元格 A1,击工具栏中的"粘贴"按钮。若 Word 数据块用空格分隔,则每个单元格都有多个数据,选择数据编辑菜单中的"文本转换为数值"命令,可转换为 DPS 数据格式。用鼠标击常用工具栏中的"保存文件"按钮,存为文件 La104.dps。

六、DPS 数据基本分析

DPS 的数据分析菜单主要项目如图 1-5 所示。

在分析数据前,用鼠标选定待分析数据,然后执行相应分析:

如果观察数据是连续变量类型,选定数据块后,可做连续变量数据分析,这里根据数据类型不同,又提供了原始观察数据、频次数据分析、不完全数据分析,以及截尾数据分析。对原始观测得到的连续变量数据进行分析,系统会出现如图 1-6 所示用户界面。

连续变量数据	混合分布参数估计	置信区间及参考值范围
原始数据统计分析	混合正态分布参数估计	正态分布数据参考值范围
频次数据统计分析	等方差正态分布参数估计	Poisson 分布总体均数置信区间
不完全数据参数估计	给定各分布权重的正态分布	二项分布总体均数置信区间
Winsorized 估计	各分布权重且等方差正态分布	异常值检验
Trimmed 估计	混合指数分布参数估计	缺失值估计
离散变量数据	混合二项分布参数估计	**常用图表**
生成频次表	混合 Poisson 分布参数估计	通用图表
原始数据分布拟合	Pearson Ⅲ 型分布拟合	曲线图、直方图
频次数据分布拟合	极值分布参数估计	Box 图
拟合零截尾频次分布		Q-Q 图及卡方图

图 1-5　DPS 数据分析功能菜单

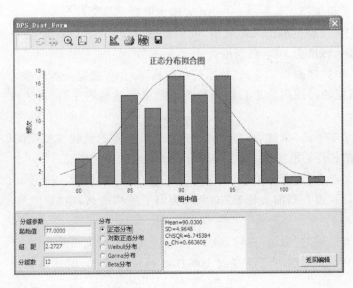

图 1-6　连续变量数据分析

这里,用户可根据数据分组情况,选择 DPS 提供的连续变量分布类型之一进行统计,以合理地表达数据的分布以及基本参数,计算样本数字特征。

图 1-6 中的 ChiSQR,即卡方值,是基于数据从小到大的分组值得到各组频数后,用观察频次 O_i 与相应分布理论值的频次 E_i 进行比较,即

$$\chi^2 = \sum_{i=1}^{n} \frac{(O_i - E_i)^2}{E_i}$$

这称为拟合优度检验。若 $P>0.05$,则可以认为样本来自某种统计分布的总体。

如果观察数据是离散变量类型,则可拟合各种离散分布。DPS 亦提供了常见的几种分布类型供用户选择,用户界面见图 1-7 所示。

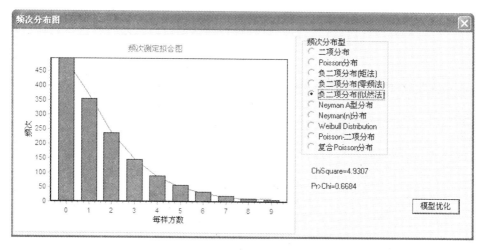

图 1-7　离散分布变量数据分析

此外,选定数据块,用数据分析下面的"常用图表"命令或工具栏的"作图"按钮,出现如图 1-8 所示的作图对话框。在对话框中可以选择面积图、条形图、线性图、圆饼图、散点图、极坐标图 Polar 等 2D(2 维)图形,也可以选择空间面积图、空间条形图、曲面图 Surface、空间散点图等 3D(3 维)图形。

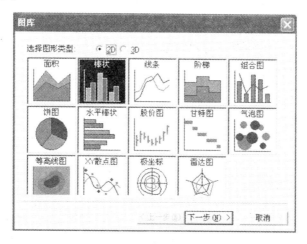

图 1-8　作图对话框

选定数据块,用数据分析、"常用图表"下拉菜单中的"Box 图"、"Q-Q 图"、"卡方图"命令,可以绘制如图 1-9 所示的箱式图、如图 1-10 所示的 Q-Q 图、如图 1-11 所示的卡方图。

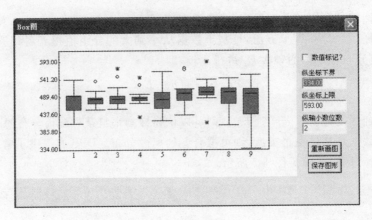

图 1-9　Box 图

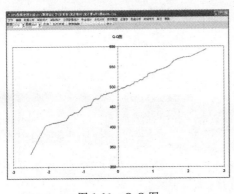

图 1-10　Q-Q 图

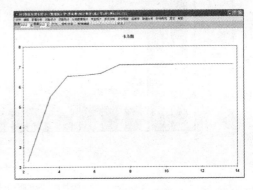

图 1-11　卡方图

数据、输出的计算结果及图形,都可以复制、粘贴或选择性粘贴到 Word 文档中保存。

例 5　对例 4 的 DPS 数据文件,作频率描述。

解　打开数据文件,选定数据块,选择数据分析菜单的"连续变量数据"命令,再选择"原始数据统计分析",系统显示如图 1-6 所示用户界面。

这里显示,卡方检验统计量等于 6.7454,$P = 0.6636(P > 0.05)$,可认为数据来自正态分布总体。关闭对话框,可以得到如下详尽结果:

最小值	77	最大值	102
样本数	100	和	9003
均值	90.0300	几何平均	89.8924
中位数	90		
常用百分位数(略)			
四分位间距=6.5000		四分位间距(1/2)=3.2500	
平均偏差	3.9524	极差	25
方差	24.8981	标准差	4.9898
标准误	0.4990	变异系数	0.0554
平均数的置信区间			

95%置信区间	89.0399	~	91.0201
99%置信区间	88.7195	~	91.3405

正态性检验

矩法

项目	参数	z 值	p 值
偏度	−0.0540	−0.2237	0.8230
峰度	−0.2322	−0.4855	0.6273

Jarque-Bera(JB)statistic＝0.273311   0.8723

Shapiro-Wilk   W＝0.992634   P＝0.865000

Kolmogorov-Smirnov   D＝0.062066   P＞0.1500

D'Agostino   D＝0.282822   P＞0.10

Epps_Pulley TEP＝0.009911;Z＝−1.84540,P＝0.96751

左侧截尾概率	0.0043
右侧截尾概率	0.0021

组中值	实际频数	理论频数
78.1363	0	1.5128
80.4090	4	2.8601
82.6818	6	6.1703
84.9545	14	10.8332
87.2272	12	15.4798
89.4999	17	18.0028
91.7726	14	17.0407
94.0453	17	13.1282
96.3180	7	8.2316
98.5907	6	4.2006
100.8634	1	1.7444
103.1361	1	0.7956
卡方统计量	6.7454	
显著性 P 值	0.6636	

注:分组起始值＝77.0000;组距＝2.2727

七、作　业

1. 在一定条件下,柑橘苗嫁接的成活率是 96%,如嫁接 100 株,试求嫁接成活 97 株以上或 97 株的概率。

2. 计算标准正态 0 至 0.3 的分布函数值表。

3. 在 Excel 电子表格里输入 100 个数据,建立 DPS 数据文件,计算样本数字特征,编制频率表,作正态性检验,绘制频率直方图。

4. 某昆虫学研究所在实验室测得某种昆虫 120 头成虫体重(mg)如表 1-3 所示,试作频率表、样本直方图及样本分布函数曲线。

表 1-3　某种昆虫 120 头成虫体重(mg)

10.897	10.100	10.764	9.967	11.562	9.568	9.436	9.303	10.499	10.100	9.303	10.100	10.233	10.233	10.233
11.163	11.562	8.372	10.366	9.037	8.505	9.834	9.170	9.568	11.030	9.967	9.436	10.499	8.505	8.638
9.967	10.764	8.904	10.632	8.638	11.030	11.030	9.037	9.967	9.834	11.429	10.632	9.967	9.436	8.505
9.701	8.239	11.163	11.429	11.163	10.366	9.967	11.562	11.961	8.239	8.638	10.632	11.163	9.037	9.701
9.568	10.366	10.100	12.093	9.303	8.904	7.708	10.233	9.303	9.967	8.904	9.568	9.170	9.436	10.632
10.366	10.499	9.568	10.632	9.037	9.701	11.828	9.568	9.701	8.771	10.100	9.834	8.904	10.366	10.100
10.100	10.764	11.296	10.366	10.897	8.904	10.632	10.233	11.429	9.568	8.239	9.967	9.834	9.037	11.296
11.695	11.429	10.897	10.499	8.638	11.163	9.568	10.100	10.499	8.505	10.897	10.100	9.967	9.170	9.436

八、参考文献

[1] 李湘鸣,王劲松. SPSS 10.0 常用生物医学统计使用指导. 南京:东南大学出版社,2005:1—163.

[2] 唐启义. DPS 数据处理系统:第一卷　基础统计与实验设计. 第 3 版. 北京:科学出版社,2013.

[3] [美]Rosner B. 生物统计学基础. 第 5 版. 孙尚拱译. 北京:科学出版社,2004.

(唐启义　祝增荣)

实验 2　植物保护数据中计量资料的分析

一、背　景

　　由于有害生物及其天敌的发生受寄主植物、所在环境等随机因素的干扰,所以植物保护等实验的结果往往含有随机的成分。对试验结果中处理因素主效应、因素间互作效应及试验误差等变异来源的分析是数据统计分析的重要内容。方差、协方差分析是试验设计中应用最广的统计分析技术。本实验先介绍显著性 t 检验的一般过程。同时介绍广泛应用的方差分析 Duncan 氏新复极差法、LSD 最小显著性差异法的应用。

　　如有人做了一个试验:使用一种杀菌剂后是否对大豆有增产效应。试验中有 8 棵植株接种,另外 8 棵未接种(作为对照)。处理后的结果是,使用杀菌剂和未使用杀菌剂的植株的豆荚重量分别是 $1.76, 1.45, 1.03, 1.53, 2.34, 1.96, 1.79, 1.21$ 和 $0.49, 0.85, 1.00, 1.54, 1.01,$ $0.75, 2.11, 0.92$。得到结果后,我们想知道使用杀菌剂后的豆荚重量是否有所增加。第一步,计算它们的平均值,处理组的平均值为 1.63,对照组的平均值为 1.08,两者差值为 0.55。能否仅凭这两个平均值的差值 0.55 就得出处理与对照豆荚重量不同的结论呢?统计学认为,这样得出的结论是不可靠的,因为如果再做相同的试验而得到两个平均值的差值不一定还是 0.55。造成这种差异可能有两种原因:一是处理造成,即处理后的增产效应;二是可能是试验误差(抽样误差)造成的。因此,要判断处理间差异是不是"真正地"由处理造成的,这正是假设检验需要解决的问题。

(一)两个总体间的差异如何比较

　　一种方法是研究整个总体,即由总体中的所有个体数据计算出总体参数进行比较。这种研究整个总体的方法是很准确的,但这是不可能进行的,因为该总体是无限总体。另一种方法是研究样本,通过样本研究其所代表的总体。例如,设使用杀菌剂后大豆荚重的总体平均数为 μ_1,未使用杀菌剂大豆荚重总体平均数为 μ_2,然后用统计学方法推断 μ_1, μ_2 是否相同。由于总体平均数 μ_1, μ_2 未知,在进行推断时只能以样本平均数 $\bar{x}_1, \bar{x}_2$ 作为对象,更确切地说是以两者的差值 $\bar{x}_1 - \bar{x}_2$ 作为统计检验的对象。

　　以样本平均数作为检验对象是因为样本平均数是总体平均数的无偏估计值,并且样本平均数 $\bar{x}$ 服从或逼近正态分布。但如前所述,由于试验有误差存在,对不同处理的两组样本来说,则有 $\bar{x}_1 = \mu_1 + \bar{\varepsilon}_1, \bar{x}_2 = \mu_2 + \bar{\varepsilon}_2$,即两组样本平均数之差 $\bar{x}_1 - \bar{x}_2$ 也包括了两部分:总体平均数的差 $\mu_1 - \mu_2$ 和试验误差 $\bar{\varepsilon}_1 - \bar{\varepsilon}_2$。因为有试验误差的存在,那么试验效应 $\bar{x}_1 - \bar{x}_2$ 主要由处理效应 $\mu_1 - \mu_2$ 引起,还是由试验误差 $\bar{\varepsilon}_1 - \bar{\varepsilon}_2$ 所造成,需要从试验表面效应与试验误差的权衡比较中间接地推断真实的处理效应是否存在,这就是显著性检验的基本思想。

(二)进行显著性 t 检验的基本步骤

　　第一,对试验样本所在的总体作假设:接种和未接种大豆的荚重相等,即 $\mu_1 = \mu_2$,其意义是试验产生的差异是由于试验误差引起的，处理间没有"实质"差异。这种假设在统计上称为无效假设(null hypothesis)，记作 $H_0:\mu_1=\mu_2$。但统计检验后这个假设既有可能被接受，又有可能被否定。如果被否定，那么对应的另一假设是 $H_1:\mu_1\neq\mu_2$，这就是所谓的备择假设(alternative hypothesis)，即处理之间除试验误差外，"确实"存在差异。

第二，在无效假设前提下可构造合适的统计量，研究统计量的抽样分布，计算无效假设正确的概率。对于上述例子，在无效假设 $H_0:\mu_1=\mu_2$ 成立的前提下，统计量 $\overline{x}_1-\overline{x}_2$ 的抽样分布为 t 分布，可得到统计量 t：

$$t=(\overline{x}_1-\overline{x}_2)/S_{\overline{x}_1-\overline{x}_2}$$

其中

$$S_{\overline{x}_1-\overline{x}_2}=\sqrt{\frac{\sum(x_{1i}-\overline{x}_1)^2+\sum(x_{2i}-\overline{x}_2)^2}{(n_1-1)+(n_2-1)}\times\left(\frac{1}{n_1}+\frac{1}{n_2}\right)}$$

这里 $S_{\overline{x}_1-\overline{x}_2}$ 为均数差异标准误；n_1、n_2 为两组样本含量。所得到的统计量 t 服从自由度 $df=(n_1-1)+(n_2-1)$ 的 t 分布。根据两组样本数据，可计算得 $\overline{x}_1-\overline{x}_2=1.63-1.08=0.55$。

$$S_{\overline{x}_1-\overline{x}_2}=\sqrt{\frac{\sum(x_{1i}-\overline{x}_1)^2+\sum(x_{2i}-\overline{x}_2)^2}{(n_1-1)+(n_2-1)}\times\left(\frac{1}{n_1}+\frac{1}{n_2}\right)}$$

$$=\sqrt{\frac{1.2342+1.8192}{(8-1)+(8-1)}\times\left(\frac{1}{8}+\frac{1}{8}\right)}=0.2335$$

$$t=(\overline{x}_1-\overline{x}_2)/S_{\overline{x}_1-\overline{x}_2}=0.55/0.2335=2.3554$$

第三，进一步估计出 $|t|\geqslant2.3554$ 的两尾概率 P 值。$P(|t|\geqslant2.3554)$ 是多少？过去我们都是查 t 分布表，在 $df=(n_1-1)+(n_2-1)=(8-1)+(8-1)=14$ 时，两尾概率为 0.05 的临界 t 值为 $t_{0.05(14)}=2.145$，两尾概率为 0.01 的临界 t 值为 $t_{0.01(14)}=2.977$，现根据两组样本计算所得的 t 值为 2.3554，介于两个临界 t 值之间，即 $t_{0.05}<2.3554<t_{0.01}$，所以，$|t|\geqslant2.3554$ 的概率 P 介于 0.01 和 0.05 之间，即 $0.01<P<0.05$。根据"小概率事件实际不可能性原理"，当试验的表面效应是试验误差的概率小于 0.05 时，可以认为在一次试验中试验表面效应是试验误差实际上是不可能的，因而否定原先所作的无效假设 $H_0:\mu_1=\mu_2$，接受备择假设 $H_1:$ $\mu_1\neq\mu_2$，即认为试验的处理效应是存在的。

目前几乎所有的统计软件在给出统计量的同时，还给出了精确的 P 值。这里，$P=0.0336$。简言之，P 值就是传统所说的 α 水平(显著水平)。P 值可以精确地告诉我们统计检验结果的显著水平，而不用再重复采用不同的 α 水平。根据 P 值进行统计推断常用标准是：

如果 $0.01\leqslant P<0.05$，则结果显著；

如果 $0.001\leqslant P<0.01$，则结果极显著；

如果 $P<0.001$，则结果很高地显著；

如果 $P>0.05$，则结果被认为没有统计显著性(有时记为 no significant，NS)；

但是，如果 $0.05\leqslant P<0.10$，则有时记为有倾向性的统计显著。

一般来说，给出 P 值后，如果 $P<0.05$，则拒绝 H_0，即结果有统计学显著性；如果 $P\geqslant0.05$，则接受 H_0，即结果没有统计学显著性。

(三)差异显著检验注意事项

注意 1　差异显著或差异极显著不应该误解为相差很大或非常大，也不能认为在专业上一定就有重要或很重要的价值。"显著"或"极显著"是指不同处理没有差异的可能性小于 5%

或 1%，即认为它们有实质性差异的可能性是 95% 或 99%。有些试验结果虽然差别大，但由于试验误差大，也许还不能得出"差异显著"的结论；而有些试验结果间的差异虽小，但由于试验误差小，反而可能推断为"差异显著"。

注意 2　有时候我们会提到双侧检验与单侧检验。一般来说我们是进行双侧检验，像上面的例子的无效假设 $H_0:\mu_1=\mu_2$ 与备择假设 $H_1:\mu_1\neq\mu_2$，此时，备择假设中包括了 $\mu_1>\mu_2$ 或 $\mu_1<\mu_2$ 两种可能，它仅判断 μ_1 和 μ_2 有无差异，而不考虑谁大谁小。但在有些情况下，双侧检验不一定符合实际情况，如采用某种新的配套技术措施以期提高某种农作物产量，已知此种配套技术的实施不会降低产量。此时，若进行新技术与常规技术的比较试验，由于检验的目的在于推断实施新技术是否提高了产量，这时虽然无效假设还是 $H_0:\mu_1=\mu_2$，但备择假设应该是 $H_1:\mu_1>\mu_2$（新配套技术的实施使产量有所提高）。这时 H_0 的否定域在 t 分布曲线的右尾。在 α 水平上否定域为 $[t_\alpha,+\infty)$，右侧的概率为 α。这种利用一尾概率进行的检验叫单侧检验(one-sided test)，此时 t_α 为单侧检验的临界 t 值。显然，单侧检验的 t_α 不等于双侧检验的 $t_{2\alpha}$，这在统计检验时是应该注意的。

注意 3　统计学上的显著性和科学上的显著性是有区别的。一个研究结果统计上显著并不表明此结果在科学上是多么重要，这种情形特别容易发生在统计大样本时，因为大样本中一个很小的差异也可以被统计检测出来。例如，如果有 500 个样本，当相关系数只有 0.0877，确定系数还不到 1%，但统计检验结果是相关性显著，这个结果有实际意义吗？没有！相反，某些统计上不显著的差异结果可能在科学上是重要的，它可以促使我们进一步加大样本去发现"表面"差异。

（四）DPS 提供的定量资料分析功能（图 2-1）

试验统计	随机区组设计	相关和回归
单样本平均数检验	单因素试验统计分析	相关分析
方差齐性测验	二因素试验统计分析	一元线性回归
变异系数 Bennett 检验	平衡不完全随机区组设计	重复性试验回归分析
两样本比较	多因素试验设计	**一般线性模型**
两样本平均数 Student t 检验	**裂区设计**	方差分析格式转换为线性模型格式
配对两处理 t 检验	裂区试验统计分析	一般线性模型方差分析
样本较少时 Fisher 精确检验	主区 2 因素，裂区 1 因素试验统计	**非参数检验**
根据平均值和标准差进行检验	主区 1 因素，裂区 2 因素试验统计	两样本 Wilcoxon 检验
经 Bonferroni 校正 t 检验	裂-裂区试验统计分析	多样本非参数检验
Bonferroni 测验	**重复测量方差分析**	Kendall 协同系数检验
两样本率比较	单因素分析	正交试验方差分析
聚集数据两样本率比较	二因素分析	**试验优化分析**
完全随机设计	三因素分析	二次多项式回归分析
单因素试验统计分析	一般线性模型（重复测量方差分析）	区组设计二次多项式回归
方差不等时方差分析	拉丁方试验设计	3414(x)实验设计统计分析
根据平均值和标准差进行检验	格子设计统计分析	偏最小二乘回归分析
系统分组（巢式）试验统计分析	**随机区组设计协方差分析**	**混料试验统计分析**
二因素无重复试验统计分析	单因素	设计矩阵拟分量转换
二因素有重复试验统计分析	两因素	混料回归分析

图 2-1　试验统计菜单及下拉菜单

二、实验目的

掌握 DPS 的两组计量资料比较,熟悉完全随机资料的方差分析,了解随机区组资料的方差分析。

三、两组计量资料比较

在 DPS 电子表格,两组计量资料数据各占一行,于试验统计、两个平均数比较下拉菜单中选择"Student t 检验"命令,可根据配对、成组进行结论选择。成组比较时,根据 F 检验结论判断方差是否相等,若方差相等则选择成组 t 检验结论,若不相等则选择 t' 检验结论。

每行按样本均数、样本标准差、样本容量顺序输入,选定数据块,于试验统计、两个平均数比较下拉菜单中选择"根据平均值和标准差进行检验"命令,可以进行两组资料的比较。

两组计量资料比较时,要求样本容量较大。在样本容量较小或不能判断是否来自正态总体时,于试验统计、两个平均数比较下拉菜单中选择"样本较少时平均数差异检验"命令,可以进行 Fisher 精确检验。

例 1 大田稻纵卷叶螟接虫结果调查,对 8 块水稻产量数据(第 1 行为对照,第 2 行为百丛接稻纵卷叶螟卵 500 粒),判断稻纵卷叶螟接虫是否有减产。

解 在 DPS 电子表格,分两行输入数据。

对　照	64	74	72	62	76	72	78	76	64	74
百丛接稻纵卷叶螟卵 500 粒	56	58	58	52	56	60	65	60	58	62

选定数据块,选择试验统计、两个平均数比较下拉菜单中的"配对两处理 t 检验"命令,得到下列结果:

配对 t 检验

观察值对数＝10	均值＝12.7000	标准差＝4.1110	标准误＝1.3000
95%置信区间	9.7592	～	15.6408
配对样本相关系数	0.7042		
两处理各样本配对,其均值差异检验	$t=9.7692$	$df=9$	$P=0.0001$

这是配对比较,$t=9.7692$,$P=0.0001<0.01$,以 $\alpha=0.01$ 水准拒绝 H_0,μ_d 与 0 的差异有统计学意义。百丛接稻纵卷叶螟卵 500 粒的处理均值小于对照的处理,可认为减产作用显著。

例 2 两种钾肥对小麦的增产实验,各个处理完全随机地分配到 10 个小区,得到籽粒产量如下:

钾肥 1	38.8	37.6	37.4	35.8	38.4
钾肥 2	40.9	39.2	39.5	38.6	39.8

试判断两组的总体均数是否不等。

解　在 DPS 电子表格,分两行输入数据,选定数据块,选择试验统计、两个平均数比较下拉菜单中的"两组平均数 Student t 检验"命令,得到下列结果:

两组均数 t 检验

处　理	样本个数	均　值	标准差	标准误	95％置信区间	
处理 1	5	37.6000	1.1576	0.5177	36.1627	39.0373
处理 2	5	39.6000	0.8515	0.3808	38.5428	40.6572
差值		−2.0000	1.0161	0.6427	−3.4820	−0.5180
两处理方差齐性检验			$F=1.8483$	$P=0.5665$		
两处理方差齐性,均值差异检验			$t=3.1121$	$df=8$	$P=0.0144$	

这是成组比较,由方差齐性检验 $P=0.5665>0.05$ 知,方差相齐。

由 $t=3.1121$, $P=0.014<0.05$ 知,两组均数的差异有统计学意义。

由处理 1 均值大于处理 2,可认为施用第一种钾肥的产量高于第二种钾肥。

若考虑实验样本容量较小,也可选用"样本较少时平均数差异检验"命令,输出结果为均值 $M1=37.6000$, $M2=39.6000$, $P=0.007937$。由 $P=0.007937<0.01$ 知,两组均数的差异有统计学意义,结论同上面的一致。

四、完全随机资料方差分析

在 DPS 电子表格,单因素的完全随机资料要逐行输入各处理组数据。

两因素无重复试验完全随机资料,以行代表处理 1、列代表处理 2 输入数据。

两因素重复试验完全随机资料,以行代表处理 1、2,列代表重复输入数据。

在方差分析前,先做方差齐性测验。选定数据块,用试验统计菜单的"方差齐性检验"命令,于如图 2-2 所示对话框中选择数据变换类型。

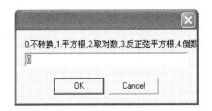

图 2-2　选择数据变换类型　　　　图 2-3　方差分析参数设置

完全随机分组数据在方差相齐时,可于试验统计、完全随机设计下拉菜单中选择单因素、二因素,在如图 2-3 所示的参数设置对话框中指定"数据转换方式"、"多重比较方法"、"处理名称",完成方差分析。

多重比较计算结果,有显著水平与字母标记两种表示方法。用字母标记时,相同字母的处理组表示差异无统计学意义,不同字母的两个处理组表示差异有统计学意义。

例 3　在 4 个不同抗性水稻品种上饲养某害虫,测其成虫体重,得如下数据,试判断不同品种之间害虫体重有无差异。

V1	11.1	10.8	13.1	12.3	12.5	13.1	
V2	12.3	13.2	12.8	13.4	12.1		
V3	10.3	11.2	11.8	12.1	10.5	11.8	11.2
V4	11.2	12.1	12.4	11.8	12.8		

解　在 DPS 电子表格,一组数据占一行输入数据,选定数据块,选择"试验统计菜单方差齐性测验"命令,输入 0 指定不变换,得到结果如下:

Bartlett 卡方检验

| 卡方值 Chi＝1.73716 | $df=3$ | $P=0.62870$ |

Levene 检验

离差绝对值

| F＝1.1912 | V1＝3 | V2＝19 | $P=0.3397$ |

离差平方

| F＝2.0186 | V1＝3 | V2＝19 | $P=0.1454$ |

Brown & Forsythe 法

| F＝0.6490 | V1＝3 | V2＝19 | $P=0.5932$ |

O'Brien 法

| F＝1.5435 | V1＝3 | V2＝19 | $P=0.2358$ |

经检验,各种方法的 P 值均大于 0.05,方差相齐。

选定数据块,选择完全随机设计下拉菜单中的"单因素试验统计分析"命令,数据不变换、"Duncan 法",得到如下结果:

处 理	样本数	均 值	标准差	标准误	95％置信区间	
处理 1	6	12.1500	0.9874	0.4031	11.1138	13.1862
处理 2	5	12.7600	0.5595	0.2502	12.0653	13.4547
处理 3	7	11.2714	0.6824	0.2579	10.6403	11.9026
处理 4	5	12.0600	0.6066	0.2713	11.3068	12.8132

方差分析表

变异来源	平方和	自由度	均　方	F 值	P 值
处理间	6.7563	3	2.2521	4.1170	0.0208
处理内	10.3933	19	0.5470		
总变异	17.1496	22			

Duncan 多重比较

处　理	均　值	5%显著水平	1%极显著水平
处理 2	12.7600	a	A
处理 1	12.1500	ab	AB
处理 4	12.0600	ab	AB
处理 3	11.2714	b	B

由方差分析表可知，$F=4.117$，$P=0.0208<0.05$，4 组均数的差异有统计学意义。

由 Duncan 多重比较可知，组 3 的体重较组 2 低。

例 4　研究某种植物病原微生物在不同温度、不同时间的生长速度，测得一批观测数据，如下所示。以温度、天数为处理 1、2，作方差分析。

处理	1 天	2 天	3 天	4 天
17.5℃	0.3	1.3	2.6	3.5
21.0℃	0.3	1.7	2.9	4.0
24.5℃	0.9	3.0	6.6	7.5
27.5℃	1.7	4.8	9.0	9.0
30.5℃	1.2	2.7	5.2	7.4

解　在 DPS 电子表格，逐行输入数据，选定数据块，选择试验统计菜单"方差齐性测验"命令，输入 0 不转换，得 $P=0.5333>0.05$，方差相齐。

选定数据块，选择完全随机设计下拉菜单中的"二因素无重复试验统计分析"命令，指定"不转换"、"LSD"，可得以下结果：

方差分析表

变异来源	平方和	自由度	均方	F 值	P 值
处理 1 间	47.9820	4	11.9955	11.5840	0.0004
处理 2 间	90.0840	3	30.0280	28.9990	0.0001
误差	12.4260	12	1.0355		
总变异	150.4920	19			

LSD 法多重比较（处理 1 间）

LSD05＝1.5678　　　　　LSD01＝2.1979

处理	均值	5%显著水平	1%极显著水平
A4	6.1250	a	A
A3	4.5000	b	A
A5	4.1250	b	AB
A2	2.2250	c	BC
A1	1.9250	c	C

处理 2 间

LSD05＝1.4022　　　　　　LSD01＝1.9659

处理	均值	5%显著水平	1%极显著水平
B4	6.2800	a	A
B3	5.2600	a	A
B2	2.7000	b	B
B1	0.8800	c	B

由方差分析表可知,处理 1 的 $F＝11.5840$。$P＝0.0004＜0.01$,处理 2 的 $F＝28.9990$。$P＝0.0000＜0.01$,温度、天数引起的微生物生长速度的差异均有统计学意义。

由处理 1 的多重比较可知,27.5℃的生长速度最高,24.5～30.5℃的生长速度较为适宜。由处理 2 的多重比较可知,1 天的生长速度最低,2 天以后生长速度比较稳定。

五、随机区组资料方差分析

单因素的随机区组资料,在 DPS 电子表格中逐行输入各处理组数据。两因素的随机区组资料,行代表处理 1、2,列代表区组。

随机区组分组数据,也要先做方差齐性检验。方差相齐时,于试验统计、"随机区组设计"下拉菜单中选择方法。选择单因素时,在如图 2-4 所示的参数设置对话框中指定转换方式、多重比较方法、处理名称。选择多因素时,在如图 2-5 所示对话框中指定处理个数、转换方法。

图 2-4　单因素参数设置

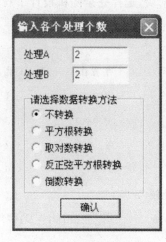

图 2-5　多因素参数设置

例 5　A、B 和 C 三种杀菌剂对某种植物病害的防治效果,判断不同农药的防效是否有差异。

处理组	区　　组							
	1	2	3	4	5	6	7	8
A	50.10	47.80	53.10	63.50	71.20	41.40	61.90	42.20
B	58.20	48.50	53.80	64.20	68.40	45.70	53.00	39.80
C	64.50	62.40	58.60	72.50	79.30	38.40	51.20	46.20

解　在 DPS 电子表格中逐行输入数据,选定数据块,选择试验统计菜单"方差齐性检验"命令,输入 0 不转换,得 $P=0.6424>0.05$,方差相齐。

选定数据块,选择随机区组设计、单因素试验统计分析命令,"不转换、LSD",可得如下结果:

方差分析表

变异来源	平方和	自由度	均　　方	F 值	显著水平
区组间	2376.3761	7	339.4823	13.956	0.0000
处理间	144.9176	2	72.4588	2.9790	0.0836
误　差	340.5426	14	24.3245		
总变异	2861.8362	23			

由 $F_{处理}=2.9790$、$P=0.0836>0.05$ 知,3 种杀菌剂防效差异无统计学意义,即不能认为 3 种杀菌剂的防效不同。

例 6　把 10 只褐家鼠按体重配伍为 5 组,处理 1 注射生理盐水,处理 2 注射一种真菌毒素。每只褐家鼠取甲、乙两部位,分别以高、低两种浓度注射,测定皮肤损伤直径范围如下,试分析不同注射物不同浓度对褐家鼠皮肤损伤的影响。

处理组		配　伍　组				
		1	2	3	4	5
生理盐水	低浓度	15.75	15.50	15.50	17.00	16.50
	高浓度	19.00	20.75	18.50	20.50	20.00
真菌毒素	低浓度	18.25	18.50	19.75	21.50	20.75
	高浓度	22.25	21.50	23.50	24.75	23.75

解　在 DPS 电子表格中逐行输入数据,选定数据块,选择试验统计菜单中的"方差齐性测验"命令,输入 0 不转换,得 $P=0.5508>0.05$,方差相齐。

选定数据块,选择随机区组设计下拉菜单中的"二因素试验统计分析"命令,指定处理个数 A 为 2、B 为 2,"不转换"、"LSD",可得如下结果:

方差分析表（固定模型）

变异来源	平方和	自由度	均　　方	F 值	显著水平
区组间	12.7000	4	3.1750	5.2192	0.0114
A 因素间	63.0125	1	63.0125	103.5822	0.0000
B 因素间	63.0125	1	63.0125	103.5822	0.0000
A×B	0.1125	1	0.1125	0.1849	0.6748
误差	7.3000	12	0.6083		
总变异	146.1375	19			

A 因素 SSR 检验 LSD 法多重比较（下三角为均值差，上三角为显著水平）

No.	均　　值	2	1
2	21.4500		0.0001
1	17.9000	3.5500	

由固定模型方差分析表，$F_A=103.5822$、$P_A=0.0114<0.01$ 知，不同注射物的影响有统计学意义，可以认为真菌毒素对皮肤的损伤重于生理盐水。

由 $F_B=103.5822$、$P_B=0.0114<0.01$ 知，不同浓度的影响有统计学意义，可认为低浓度对皮肤的损伤轻于高浓度。

六、作　业

1. 褐飞虱在两个不同水稻品种上的虫口密度（头/100 丛）调查数据如表 2-1 所示，判断两个品种的虫口密度有无差异。

表 2-1　不同水稻品种的虫口密度调查数据

分组	调查数据									
品种 A	1024	550	909	679	1328	1109	1277			
品种 B	2052	2163	2033	1982	1934	1088	1028	1907	1622	1076

2. 用某农药防治作物病害，20 个小区药前、药后发病百分率如表 2-2 所示，判断该农药有无防治效果。

表 2-2　20 个小区药前、药后病叶率（%）

编号	1	2	3	4	5	6	7	8	9	10	11	12	13	14	15	16	17	18	19	20
药前	21	20	23	28	12	12	18	27	11	21	21	20	23	22	22	67	21	60	50	29
药后	24	23	30	35	21	21	25	38	21	30	21	22	30	30	30	68	22	64	52	30

3. 调查 5 种类型田稻纵卷叶螟百丛虫量，每类型调查 5 块，调查数据如表 2-3 所示，试分析不同类型田虫口密度有无差别。

表 2-3   类型田百丛虫量

类型田	调 查 数 据				
A	31	18	24	19	40
B	33	29	30	35	35
C	31	39	38	35	35
D	35	51	56	30	38
E	48	52	53	43	56

4. 农药混配防治二化螟枯心研究,实验数据如表 2-4 所示,试分析不同处理的小区枯心数有无差别。

表 2-4   各处理小区枯心株数

处　理	区组 1	区组 2	区组 3	区组 4
20％氯虫苯甲酰胺 SC 15g/ha	10	18	14	19
20％氯虫苯甲酰胺 SC 30g/ha	0	2	10	15
20％氯虫苯甲酰胺 SC 45g/ha	10	0	3	3
97％乙酰甲胺磷 1200 g/ha	35	51	56	30
空白对照	98	112	103	133

七、参考文献

[1] 李湘鸣,王劲松. SPSS 10.0 常用生物医学统计使用指导. 南京:东南大学出版社,2005:
    1—163.

[2] 唐启义. DPS 数据处理系统:第一卷   基础统计与实验设计. 第 3 版. 北京:科学出版社,
    2013:1—429.

[3] 杨纪坷,齐翔林. 现代生物统计. 合肥:安徽教育出版社,1985.

（唐启义   祝增荣）

实验 3　植物保护数据中分类资料的分析

一、背　景

　　植物保护信息处理实际工作中,获得的数据除了一些可以取实数值的变量(包括区间变量、整数值及百分比变量)之外,还有许多数据并不是以数值作为它们的值,而是取某些特定的范畴或类别作为它们的值。这类数据即我们通常所说的"分类变量"、"范畴变量"或"记名变量",有时也称为定性数据。在昆虫种群统计中,按性别可分为雄性、雌性;按翅型可分为长翅型、短翅型、中间型;按虫龄可分为Ⅰ、Ⅱ、Ⅲ、Ⅳ、Ⅴ龄和成虫等;对于害虫的大型捕食性天敌如鸟类的疾病治疗方面,可将疾病的几种治疗方法及治疗效果按"治愈、显效、好转、无效或死亡"来划分,其数据都是分类变量。对这类数据,有时我们会赋予它一个数字,如 0 表示雄性,1 表示雌性,但这里的数字并不具有数值上的含义,只是数字标记用以区别不同类别。虽然分类数据不能直接用来进行统计运算,但我们可以分析这些分类变量的出现是否满足某些特定的模型,或者这些分类变量出现的概率分布。有若干分类变量同时存在时,我们还可以分析它们之间是否是独立的,如除草剂与天敌死亡之间有无联系的问题。

(一)列联表是对分类变量进行统计分析最主要的方法

　　所谓列联表,就是将观测数据按两个或更多属性(定性变量)分类所列出的频数表。例如,对随机抽取的 1000 只褐飞虱按性别(雄或雌)及复眼眼色(正常或红色)两个属性分类,得到 2 行 2 列的列联表,又称 2×2 表或四格表。一般来说,若总体中的个体可按两个属性 A 与 B 分类,A 有 r 个等级 $A_1, A_2, \cdots, A_r$,B 有 c 个等级 $B_1, B_2, \cdots, B_c$,从总体中抽取大小为 n 的样本,设其中有 n_{ij} 个个体的属性属于等级 A_i 和 B_j,n_{ij} 称为频数,将 $r \times c$ 个 n_{ij} 排列为一个 r 行(Row)c 列(Column)的二维列联表,简称 $R \times C$ 表。若所考虑的属性多于两个,也可以按类似的方式做出列联表,称为多维列联表。由于属性或定性变量的取值是离散的,因此多维列联表分析属于离散多元分析的范畴。列联表分析在应用统计,特别是在有害生物生物学、预测预报中有着广泛的应用。

(二)列联表分析的基本问题

　　判明所考察的各属性之间有无关联,即是否独立。如在前例中,问题是:一只褐飞虱是否红眼与其性别是否有关? 在 $R \times C$ 表中,若以 $p_{i.}$、$p_{.j}$ 和 p_{ij} 分别表示总体中的个体属于等级 A_i,属于等级 B_j 和同时属于 A_i, B_j 的概率($p_{i.}$、$p_{.j}$ 称为边缘概率,p_{ij} 称为格概率),"A, B 两属性无关联"的假设可以表述为 $H_0: p_{ij} = p_{i.} \cdot p_{.j}$。根据 Pearson 的拟合优度检验,当 H_0 成立时,且一切 $p_{i.} > 0$ 和 $p_{.j} > 0$,统计量

$$\chi^2 = \sum_{i=1}^{r} \sum_{j=1}^{c} (n_{ij} - E_{ij})^2 / E_{ij}$$

的渐近分布是自由度为 $(r-1)(c-1)$ 的卡方分布,进行卡方检验。

　　若样本大小 n 不是很大,则上述基于渐近分布的方法就不适用。对此,在四格表情形中,Fisher(1935)提出了一种适用于所有 n 的精确检验法,其思想是在固定各边缘和的条件下,根据超几何分布(见概率分布),可以计算观测频数出现任意一种特定排列时的条件概率。把实际出现的观测频数排列,以及比它呈现更多关联迹象的所有可能排列的条件概率都算出来并相加,若所得结果小于给定的显著性水平,则判定所考虑的两个属性存在关联,从而拒绝 H_0。

(三)列联表分析的统计分析方法

　　在实际应用中,如何选用合理的分析方法则是我们所要关心的问题。首先要明确每次拟分析的定性变量个数是多少,其次要弄清定性变量的属性(名义变量还是有序变量)、列联表中频数的多少(总频数和各网格上的理论频数)以及资料的收集方式。每次只分析两个定性变量时,可将资料整理为 2×2 表、$2\times C$ 表和 $R\times C$ 表的形式。统计分析方法除上面提到的 Pearson χ^2 检验、校正 χ^2 检验、Fisher 的精确检验外,还有秩和检验、Ridit 分析、对应分析、Kappa 检验等。因此,在具体应用中,我们不可以不加区分地用 χ^2 检验分析一切列联表资料,而是要根据二维列联表中两个分组变量的类型以及分析的目的对 $R\times C$ 表资料进行分类,因为不同类型的 $R\times C$ 表资料和不同的分析目的,就需用不同的分析方法。

　　现将几种类型 $R\times C$ 表及相应的分析方法介绍如下:

　　1. 双向无序 $R\times C$ 表资料及其统计分析方法的选择:对双向无序 $R\times C$ 表的两个分组变量,如"ABO 血型系统"与"MN 血型系统"的分组标志(A,B,O,AB 血型;M,N,MN 血型)之间无数量大小和先后顺序之分,分析的目的是要考察两个属性变量之间是否独立。当总频数和各网格上的理论频数都较大时,适于选用 χ^2 检验,但当表中理论频数小于 5 的格子数超过全部格子数的 1/5 时,应改用 Fisher 的精确检验。

　　2. 单向有序 $R\times C$ 表资料及其统计分析方法的选择:对单向有序 $R\times C$ 表的两个分组变量,其中一个是无序的(如实验分组变量——不同药品),另一个却是有序的(指标分组变量——处理效果)。此时不适合选用 χ^2 检验分析资料,因为 χ^2 检验与"疗效"的有序性之间没有任何联系,所以这里应采用与"有序性"有联系的秩和检验或 Ridit 分析。

　　3. 双向有序且属性不同的 $R\times C$ 表资料及其统计分析方法的选择:对双向有序且属性不同的 $R\times C$ 表的两个分组变量,如年龄组别与某种疾病发生程度都是有序的,但属性不同,此时,也不适合选用 χ^2 检验分析资料,因为 χ^2 检验与两个变量的有序性之间没有任何联系,应改用与两个变量的"有序性"有联系的对应分析和线性趋势检验。

　　4. 双向有序且属性相同的 $R\times C$ 表资料及其统计分析方法的选择:对双向有序且属性相同的 $R\times C$ 表的两个分组变量,如两种方法对某种疾病发病程度诊断结果,它们都是有序的,且属性也相同。此时,研究的目的是要考察两种测定方法的测定结果之间是否具有一致性,故仍不适合选用一般的 χ^2 检验分析资料,而应采用与两个变量的有序性有联系的一致性检验或称 Kappa 检验。

　　DPS 的分类数据统计菜单及下拉子菜单如图 3-1 所示。

分类数据统计	$R×C$ 列联表 Fisher 确切概率	1∶M 匹配试验数据分析
调查数据列联表	**单向有序列联表**	多组 1∶M 匹配资料一致性分析
列联表及卡方检验	秩和检验	1∶M,M 不等资料分析
1 对多列联表	$R×C$ 表行平均得分检验	结合模型
模型拟合优度检验	Ridit 分析:样本和总体比较	**Logistic 回归**
频次分布似然比检验	Ridit 分析:两组平均 Ridit 分析	Logistic 回归
Poisson 分布数据统计检验	Ridit 分析:多组平均 Ridit 分析	条件 Logistic 回归
四格表	**双向有序列联表**	多类无序 Logistic 回归
四格表(2×2 表)分析	列联表 CMH 检验及相关性测度	多类有序 Logistic 回归
分层四格表(2×2 表)	线性趋势检验	**其他分类回归**
2×C 表分析	列联表对应分析	Probit 回归
分层 2×C 表	McNemar 检验及 Kappa 检验	Poisson 回归
多样本率比较	两种方法一致性检验特殊模型	重对数互补 CLL 模型
Poisson 分布多样本比较	**配对病例-对照资料分析**	对数线性模型
$R×C$ 列联表卡方检验	配对四格表 McNemar 检验	

图 3-1　分类数据统计菜单

二、实验目的

熟悉双向无序 $R×C$ 表,掌握单向有序的秩和检验及 Ridit 分析,了解双向有序且属性相同的 Kappa 检验,知道双向有序但属性不同的线性趋势检验及对应分析。

三、双向无序 $R×C$ 表分析

在 DPS 电子表格中,双向无序按照列联表的数据排列输入,于分类数据统计菜单选择"$R×C$列联表卡方检验",可以完成分析。

双向无序 $R×C$ 表,自由度、最小理论频数的计算式为

$$df = (R-1) \cdot (C-1)$$

$$最小理论频数 = 最小行合计 × 最小列合计 / 总频数$$

在 $df \neq 1$ 时,双向无序列联表使用 Pearson 卡方统计量进行检验。理论频数出现<1 或理论频数<5 的格数超过总格数 1/5 时,要增大样本例数使理论频数变大,或把理论频数太小的行、列与性质相近的邻行、列合并使理论频数变大,或删去理论频数太小的行、列。

例 1　不同耕作方式与某种作物病害发生数据如下表所示,判断病害发生是否与耕作方式有关。

发病情况	方式 1	方式 2	方式 3	方式 4
发　病	64	86	130	20
未发病	125	138	210	26

解　双向无序 2×4 列联表，最小理论频数 $T_{14}=300×46/799=17.27>5$，用卡方检验。

在 DPS 电子表格中逐行输入数据，并选定数据块，选择分类数据统计菜单"$R×C$ 列联表卡方检验"命令，得到如下结果：

类　别	1	2	3	4	合　计
1	64	86	130	20	300
2	125	138	210	26	499
合计	189	224	340	46	799

$\chi^2=1.9214$，$df=3$，显著水平 $P=0.5889$，随机系数 $=0.0490$，由 $P=0.5889>0.05$ 知，不能认为耕作方式与某病害发生有关，即各种处理发病比例不存在差异。

四、单向有序表分析

单向有序列联表，输入数据必须以行表示有序分类、以列表示无序分类。

单向有序表在样本容量较大时，可于分类数据统计、Ridit 分析下拉菜单中选择分析方法。"样本和总体比较"时，DPS 以第 1 列为参照组，给出各比较组置信区间及与参照组的 u 检验。"两组平均 Ridit 分析"或"多组平均 Ridit 分析"时，自动取合并组为参照组。置信区间无重叠，或"两组"u 检验 $P≤0.05$，"多组"卡方检验 $P≤0.05$，都可认为各比较组的差异有统计学意义。这时，若分类等级为"好"到"差"顺序，则 R 值样本均数较小的组较好。

单向有序表在样本容量较小时，可以选择分类数据统计菜单中的"秩和检验"命令。秩和检验 $P≤0.05$，可认为各比较组差异有统计学意义。这时，若分类等级为"好"到"差"顺序，则秩和较小的组效果较好。

例 2　调查 2 个品种水稻三化螟发育进度，得不同品种上各龄幼虫的头数如下表，试分析两品种上的三化螟发育进度有无差异。

龄期	品种 A	品种 B
1 龄	56	48
2 龄	35	26
3 龄	15	10
4 龄	6	15

解　单向有序列联表，各组样本容量较大，可以使用 Ridit 分析。按上表方式输入数据，选定数据块，选择分类数据统计"Ridit 分析"下拉菜单中的"两组平均 Ridit 分析"命令，得如下结果：

组别	样本数	平均 R 值
组 1	112	0.4860
组 2	99	0.5158

正态分布 u 检验；$u=0.8095$；$P=0.4182$。

由统计量 $u=0.8095$，概率 $P=0.4182>0.05$，不能认为两品种上的三化螟发育进度有差异。

例 3 采用 A、B 和 C 三种方法治疗稻田害虫的捕食性天敌——役鸭的某疾病，得到三种方法治疗结果如下，试分析三种治疗方法的疗效是否有差异。

疗效	疗 法		
	A	B	C
痊愈	41	30	14
显效	6	7	8
好转	9	10	15
无效	5	8	7

解　单向有序列联表，各组样本容量较大，可以使用 Ridit 分析。按上表方式输入数据，选定数据块，选择分类数据统计"Ridit 分析"下拉菜单中的"多组平均 Ridit 分析"命令，得到如下结果：

组别	样本数	R	标准误	95%的置信区间		99%的置信区间		U	P
组 1	61.0000	0.4207	0.0341	0.3539	0.4876	0.3329	0.5086	2.3245	0.0100
组 2	55.0000	0.4903	0.0359	0.4199	0.5607	0.3978	0.5828	0.2697	0.3937
组 3	52.0000	0.6033	0.0369	0.5308	0.6757	0.5081	0.6984	2.7950	0.0026

$\chi^2=11.3155$；$df=2$；$P=0.0035$。

由 $\chi^2=0.5921$，概率 $P=0.0083<0.01$，可以认为三组的疗效不同。由组 1、组 3 的 95%置信区间无重叠，分类等级为"好"到"差"顺序，可以认为组 1 的疗效高于组 3。

例 4　某动物医院用犬猫灵注射液、猫犬宁注射液、猫海纳注射液 3 种药物治疗老鼠天敌——猫的消化系统疾病 48 例，数据如下，判断 3 种方法的疗效差异。

疗效	疗 法		
	犬猫灵注射液	猫犬宁注射液	猫海纳注射液
痊愈	7	1	5
显效	1	1	5
好转	5	2	6
无效	6	2	7

解　单向有序列联表，样本容量较少，用秩和检验。按行表示有序分类、列表示无序分类输入数据，选定数据块，选择分类数据统计菜单"秩和检验"命令，可得如下结果：

组别	组1	组2	组3	合计	范　围		平均秩	组1秩和	组2秩和	组3秩和
指标1	7	1	5	13	1	13	7	49	7	35
指标2	1	1	5	7	14	20	17	17	17	85
指标3	5	2	13	21	33	27	135	54	162	
指标4	6	2	7	15	34	48	41	246	82	287
合计	19	6	23	48	—	—	—	447	160	569

统计检验 $Hc=0.2614$；$df=2$；$P=0.8775$。

由 $H_c=0.2614$，$P=0.8775>0.05$，不能认为各组的疗效不同。

五、双向有序表分析

在 DPS 电子表格中，双向有序的列联表，按排列顺序逐行输入数据。

双向有序且属性相同时，选择分类数据统计菜单的"Kappa 检验"命令，可以完成分析。Kappa 检验也称为一致性检验，H_0 为"两种方法的结果不存在一致性"。

双向有序但属性不同时，选择分类数据统计菜单的"线性趋势分析"或"列联表对应分析"命令，可以完成分析。线性趋势考察两个分类变量的线性关系。对应分析（也称相应分析，是列联表资料的加权主成分分析）考察两个分类变量的相互关系。

例 5　某省在各个县采用某一预测方法预测某种作物病害发生程度，以实际发生进行检验，以分析该方法预测结果与实况是否一致。预测与实况数据如下：

预　测	实　况		
	轻发生	中　等	重发生
轻发生	58	2	3
中等	1	42	7
重发生	8	9	17

解　双向有序且属性相同表，可用 Kappa 检验。按表输入数据，选定数据块，选择分类数据统计菜单的"Kappa 检验"命令，可得如下结果：

$Pa=0.7959$　$Pe=0.3605$

Kappa 值	标准误	95% 的置信区间		99% 的置信区间	
0.6809	0.0597	0.5639	0.7978	0.5272	0.8346

$U=11.4112$；$P=0.0000$。

由 $U=11.4112$、$P=0.0000<0.01$，可以认为预测与实际发生存在一致性。

例 6　某动物医院采用一种新药治疗害鼠天敌——家猫的皮肤真菌病，数据如下所示，判断 A、B、C 三种方案的疗效有无差异。

疗　法	疗　效			
	无　效	好　转	显著好转	基本痊愈
A（用药 5～7 天）	8	10	7	5
B（用药 10～12 天）	4	7	10	9
C（用药 21～30 天）	1	3	10	16

解　双向有序但属性不同列联表，可用线性趋势或对应分析。

按表输入数据，选定数据块，选择分类数据统计菜单"线性趋势分析"命令，可得如下结果：

拟合优度卡方$=16.2590$　$df=6$　$P=0.0124$

回归卡方$=18.2956$　$df=1$　$P=0.0000$

偏离回归卡方$=-2.0366$　$df=5$　$P=0.8441$

样本总数$=90$　$b=-0.3227$　标准误$=0.0755$　$t=4.2773$　$P=0.0001$

由回归卡方$=18.2956$，$P=0.0000<0.01$，可以认为两个变量之间呈线性关系，可以认为用药时间越长，疗效越高。

若选择分类数据统计菜单"列联表对应分析"命令，则可得如下结果：

特征值及卡方检验

No.	相关系数	特征值	卡方值	自由度	显著水平	卡方(%)
1	0.4203	0.1766	15.8950	4	0.0032	97.7614
2	0.0636	0.0040	0.3640	2	0.8336	2.2386
合计	—	0.1807	16.2590			

规格化特征向量：

-0.6198	0.5101
-0.1740	-0.7142
0.4819	-0.1594
0.5945	0.4520

R 型因子载荷矩阵：

系　数	拟合度	系　数	拟合度
-0.2605	0.9847	0.0324	0.0153
-0.0731	0.7216	-0.0454	0.2784
0.2025	0.9975	-0.0101	0.0025
0.2498	0.9869	0.0287	0.0131

Q 型因子载荷矩阵

系　数	拟合度	系　数	拟合度
0.2915	0.9912	0.0274	0.0088
0.0111	0.0435	-0.0519	0.9565
-0.3025	0.9935	0.0245	0.0065

由特征值卡方检验，$P_1=0.0032<0.01$，依第 1 个特征值计算，R、Q 型因子载荷矩阵反映列、行变量，可以认为两变量之间存在相关关系，即用药时间越长，疗效越高。

六、作　业

1. 某地三种类型田三代三化螟幼虫发育进度，数据如表 3-1 所示，判断三化螟在三种类型田间发育进度有无差异。

表 3-1　不同类型田三化螟发育进度

龄期	类型田		
	A	B	C
一龄	38	7	5
二龄	9	13	10
三龄	3	10	20
四龄	0	8	23
五岭	0	2	5

2.研究水稻不同灌溉方式下叶片衰老情况,调查数据如表 3-2 所示,试分析它们之间的关系。

表 3-2　不同灌溉方式与叶片类型的关系

叶片类型	深　水	浅　水	湿　润
绿叶	146	183	152
黄叶	7	19	24
枯叶	7	13	26

3.某单位对某害虫的发生程度开发出了一种预测技术,其预测值和实际发生情况如表 3-3所示。试对该预测技术的准确程度进行统计分析。

表 3-3　预测值和实况列联表

发生实况	预报级别		
	1 级	2 级	3 级
1 级	18	1	2
2 级	5	17	2
3 级	3	2	16

七、参考文献

[1] 唐启义.DPS 数据处理系统:第一卷　基础统计与实验设计.第 3 版.北京:科学出版社,2013:1—429.
[2] Agresti A. Categorical Data Analysis. 2nd. New York: Wiley & Son, Inc. ,2002.
[3] 胡良平,等.现代统计学与 SAS 应用.北京:军事医学科学出版社,2000.

（唐启义　祝增荣）

实验 4　植物保护数据的回归分析

一、背　景

两个或两个以上变数之间的关系,可以是函数关系,也可以是统计关系。

函数关系是一种确定性关系,即一个变数的任一变量必与另一变数的一个确定的数值相对应。例如,圆面积与半径关系,$S = \pi R^2$。这种关系不含误差,常见于物理学、化学等理论科学。

统计关系是一种非确定性的关系,即一个变数的取值受到另一变数的影响,两者之间既有关系,但又不存在完全确定的函数关系。统计关系与函数关系的根本区别,在于前者研究的是具有抽样误差的数据,例如,作物产量与害虫密度的关系,害虫密度越高产量损失越高,害虫密度低时产量损失较低。但这种关系并不是完全确定的,即使害虫密度完全相同,两块同样面积土地上的产量也不会相等;有些害虫在低密度时作物的产量反而比没有害虫时还要高,可能因为作物在这种情况下有较大的补偿作用。

具有统计关系的两个变数,其关系又可分为因果关系和相关关系。

因果关系是两个变数间的关系是原因(自变量,independent variable,多用 X 表示)和反应结果(因变量,dependent variable,多用 Y 表示)的性质。如害虫密度和作物产量之间的关系中,害虫密度是产量变化的原因(自变量),产量是对害虫密度的反应(因变量)。

如两个变数关系并不是原因和结果的性质,而是一种共同变化特点,则这两个变数间的关系为相关关系,因此相关关系中并没有自变量和因变量之分。在这种情况下,X 和 Y 可分别用于表示任一变数。

回归关系可以通过回归分析、根据实验数据得到一个表示 Y 随 X 的改变而改变的回归方程 $\hat{y} = f(x)$,式中 $\hat{y}$ 是给定 x 时由该方程估计出的理论值 y。

相关关系是应用相关分析方法计算表示 Y 和 X 相关密切程度的统计数,即相关系数(correlation coefficient),并测验其显著性。相关系数一般用 r 表示。

DPS 提供的相关、回归分析功能菜单如图 4-1 所示。

相关分析	分位数回归的 Bootstrap 估计	二值变量模型参数估计
两变量相关分析	极小化最大绝对偏差回归	有条件约束模型参数估计
多变量相关分析	稳健回归(M 估计)	联立方程模型
主导分析	配方回归	**神经网络类模型**
回归分析	Tobit 回归	BP 神经网络
线性回归	积分回归	支持向量机

逐步回归	**有偏回归分析**	随机森林回归
含分类变量逐步回归	岭回归	**生物测定与药物动力学**
最优组合回归	主成分回归	质反应生测机率值分析
双重筛选逐步回归	偏最小二乘回归	数量反应生测机率值分析
线性联立方程 2SLS	偏最小二乘二次多项式回归	质反应混配实验生测分析
二次多项式逐步回归	偏最小二乘(考虑互作项)	数量反应混配实验生测分析
多因子及互作项逐步回归	偏最小二乘(考虑平方项)	药物代谢动力学房室模型
多因子及平方项逐步回归	**数学模型**	药物动力学参数非房室模型
趋势面分析	一元非线性回归模型	时间-剂量死亡率模型分析
分位数回归	一般非线性回归模型	数量型时间-剂量死亡率模型

图 4-1 回归分析相关菜单

二、实验目的

熟悉 DPS 的曲线拟合,掌握 DPS 的多元线性回归、逐步回归、二次多项式逐步回归,了解 DPS 的生物测定。

三、相关分析

例 1 某地累积温(x)和一代三化螟盛发期(y)的关系,两变量间的相关分析功能在 DPS 的"试验统计"→"相关和回归"下面的"相关分析"。分析处理时先输入、编辑数据,然后选中两列数据,如图 4-2 左。

	A	B	C	D	E	F	G
1	年份号	累积温 x	害虫盛发期 y		累积温 x	害虫盛发期 y	
2	1	35.5	12		35.5	1	1:发生迟
3	2	34.1	16		34.1	1	0:发生早
4	3	31.7	9		31.7	1	
5	4	40.3	2		40.3	0	
6	5	36.8	7		36.8	0	
7	6	40.2	3		40.2	0	
8	7	31.7	13		31.7	1	
9	8	39.2	9		39.2	1	
10	9	44.2	-1		44.2	0	
11							

图 4-2 某地累积温(x)和一代三化螟盛发期(y)的关系

然后执行"相关分析"功能,这时系统会弹出选择相关分析方法的用户界面,如图 4-3 所示。

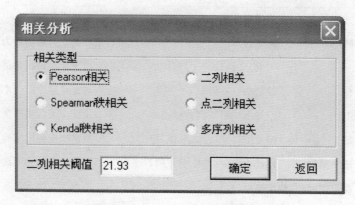

图 4-3　选择相关分析方法用户界面

这里我们执行 Pearson 相关,在用户界面中的相关分析方法里选中第一项,执行相关分析,即可得到分析结果。

这里的 Pearson 相关分析结果包括相关系数($r = -0.8371$)及其显著性概率 P 值(0.0049),以及相关系数 95% 置信区间:$-0.9648 \sim -0.3896$;同时还输出了两变量相关性大小的散点图(从略)。

秩相关分析,即 Spearman 法和 Kendall 法,数据格式也如图 4-2 左所示。如果该例应用 Spearman 秩相关分析,得到相关系数为 0.852941($P = 0.0095$)。若采用 Kendall Tau 系数法,得到 Kendall $\tau = -0.7429$,$z = 2.7881$,双侧 $P = 0.0053$,单侧 $P = 0.0027$。

进行二列相关或多序列相关分析时,第一列是数值变量,第二列是两分类变量(如图 4-2 右所示)。如果是多序列相关,第二列的值应是 1,2,3,…的顺序值。

如果是多个变量的相关分析,数据格式是一列一个变量、一行一个样本。输入数据后亦按图 4-2 所示格式选中数据,然后执行"多元分析"→"相关分析"下面的"多变量相关分析",系统执行 Pearson 相关计算,输出计算结果。

四、一元线性回归分析

例 2　仍以图 4-2 的某地累积温(x)和一代三化螟盛发期(y)的关系为例,在 DPS 电子表格里输入、并选定数据之后,在菜单方式下执行"多元分析"→"回归分析"下面的"线性回归",系统弹出如图 4-4 所示用户界面。

一元线性回归用户界面共有 3 个页面,第 1 个页面是显示回归分析主要结果及供用户进行交互操作的界面,第 2 个页面是回归拟合曲线及其置信区间图,第 3 个页面是各类型误差显示、识别界面(图 4-4)。

如图 4-4 所示的用户界面,上部是数据转换方法,这些方法适用于采用直线化方法进行曲线回归的统计分析。图 4-4 中部的几个统计量,是检验、决定回归方程是否成立抑或能否应用重要指标,其中 F 检验值要大,相应的 P 值必须小于 0.05(这里的 F 值为 16.40,$P = 0.0049$,故回归方程经统计检验,认为是成立的);同时决定系数一般要大于 0.5 为宜(这里决定系数等于 0.7008)。该例的回归方程通过了显著性检验且决定系数较高,故该回归方程可以应用。

图 4-4 下部是根据经验回归方程进行预估和预报,如 3 月下旬至 4 月中旬积温为 38℃,

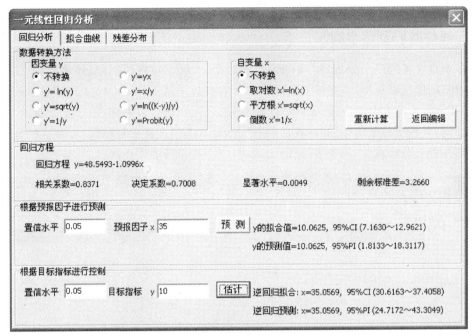

图 4-4　线性回归分析用户界面

可在界面左下角输入数值 38,再点击"预测"按钮,这时可得预估值为 6.76,拟合值的 95% 置信区间为 4.03~9.50,预测值的 95% 置信区间为 −1.68~15.21。计算结果输出如下:

相关系数 = −0.8371

显著水平 P = 0.0049

决定系数 = 0.7008

剩余标准差 = 3.2660

回归方程　y = 48.5493 − 1.0996x

变量	回归系数	标准误	t 值	P 值
截距 A	48.5493	10.1278	4.7937	0.0020
斜率 B	−1.0996	0.2716	−4.0492	0.0049

预报因子　　　　　　　　　　　　　　　x = 35 时

x 值 = 35.0000

y 的拟合值 = 10.0625,　95%CI(7.1630~12.9621)

y 的预测值 = 10.0625,　95%PI(1.8133~18.3117)

逆预测

目标指标　　　　　　　　　　　　　　　y = 10 时

逆回归拟合:x = 35.0569,95%CI(30.6163~37.4058)

逆回归预测:x = 35.0569,95%PI(24.7172~43.3049)

置信区间中间点 = 34.0110

五、多元线性回归及逐步回归分析

对多个自变量的回归分析,使用 DPS 处理数据时,通常按线性回归、逐步回归、二次多项式逐步回归顺序进行选择,直到建立的回归方程有统计学意义为止。

在 DPS 电子表格中,按每个变量一列输入数据(因变量为最右列)。选定数据块,选择多元分析、回归分析下拉菜单中的"线性回归"命令,经如图 4-5 所示对话框,可建立一元或多元线性回归方程。若样本少、因子多,则会出现对话框,提示转为逐步回归。

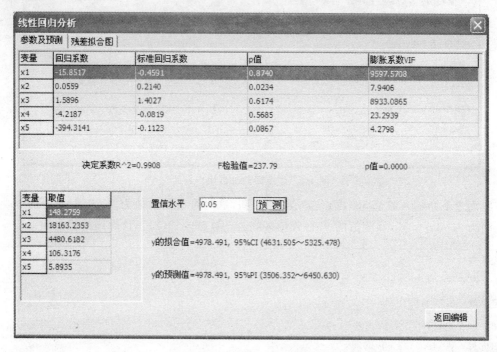

图 4-5　多元线性回归对话框

选定数据块,选择多元分析、回归分析下拉菜单中的"逐步回归"命令,出现如图 4-6 所示的对话框,若选择"Yes",可以继续引入变量到当前方程中,若选择"No",可以继续剔除当前方程中的变量,若选择"OK",可以确定当前的逐步回归方程。

选定数据块,选择多元分析、回归分析下拉菜单中的"二次多项式逐步回归"命令,可以关闭如图 4-7 所示的模型优化、模型诊断等对话框,输出结果。方便地建立二次多项式逐步回归方程,是 DPS 软件的特色之一。

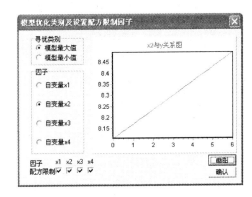

图 4-6　逐步回归用户界面　　　　　　　　　　图 4-7　二次多项式逐步回归

例 3　某害虫发生期与前三旬平均温度高低关系密切,试建立发生期 Y 与其温度 X_1、X_2 和 X_3 的多元线性回归方程。

解　在 DPS 电子表格中,左边 3 列输入自变量数据,右边 1 列输入因变量数据,即

14.5	14.6	12.6	7
14.0	14.3	13.0	8
14.8	12.8	13.5	4
13.9	14.7	14.2	5
13.2	12.5	10.6	11
14.8	13.5	14.7	5
15.4	14.2	14.5	0

选定数据块,选择多元分析、逐步回归分析,于对话框中先选择"Yes",再选择"OK",得到

$$Y = 59.2972560 - 2.8669122059X_1 - 0.9309282901X_3;$$

相关系数 $R = 0.9285$　　F 值 $= 12.497$　　显著水平 $P = 0.019$;

剩余标准差 $S = 1.5696$　　调整后的相关系数 $R_a = 0.8620$。

由 $F = 12.497$,$P = 0.019 < 0.05$ 知,回归方程有统计学意义。

六、非线性回归(曲线拟合)

在 DPS 电子表格中,按自变量、因变量顺序各以一列输入数据。选定数据块,选择数学模型菜单中的"一元非线性回归模型"命令,出现如图 4-8 所示曲线拟合对话框。

在曲线拟合对话框中可以指定曲线类型。点击"参数估计"按钮,可以看到计算结果。点击"输出结果"按钮,可以输出计算结果。

选定数据块,在 DPS 底部的公式区输入等式(以 X_1、X_2 表示第 1、2 列数据,C_1、C_2 表示参数),下一行输入 X_1 的范围(空格分隔),选定等式及范围,选择"单因变量模型参数估计"下拉菜单中的"麦夸特法"命令,也可以进行曲线拟合。

例 4　对某种农药施用后时间 X 与害虫死亡百分率 Y 数据,作 Y 对 X 的曲线拟合。

解　按药后时间、死亡百分率各一列输入数据,即

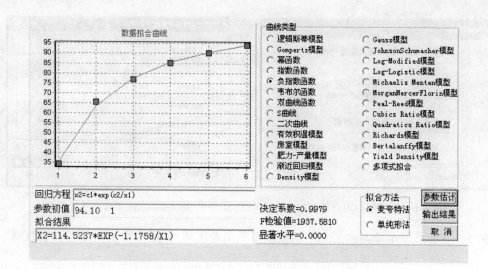

图 4-8　曲线拟合对话框

32	4.55
64	12.27
96	15.45
128	18.18
32	4.55

选定数据块,选择数学模型、一元非线性回归模型命令,指定"负指数函数"类型,用鼠标击"参数估计"按钮,可以看到"显著水平＝0.0000"。用鼠标击"输出结果"按钮,可得到如下结果:

方差分析表

方差来源	平方和	df	均　方	F 值	显著水平
回归	103.7003	1	103.7003	441.8969	0.0023
剩余	0.4693	2	0.2347		
总的	104.1697	3	34.7232		

$R=0.9977$　　$RR=0.9955$

回归方程:$X2 = 28.2230 * \text{EXP}(-56.1586/X1)$

由 $F=441.8969$、$P=0.0023<0.01$ 知,回归方程有统计学意义,即 $\hat{Y}=28.2230\text{EXP}(-56.1586/X)$ 可以使用。

若选定数据块,在 DPS 底部的公式区输入等式及 $X1$ 的范围,即

$X2 = C1 * \text{EXP}(C2/X1)$

32　128

选定等式及范围,选择单因变量模型参数估计下拉菜单中的"麦夸特法"命令,则可得同样结果。

七、生物测定

英国学者 Finney 的 *Probit Analysis* 一书,是生物测定的经典著作。Finney 于 1947 年提出概率单位分析(机值分析)的经验模型,受试生物组群反应的期望比例 $E(Y)$ 是对数剂量 $\lg X$ 的标准正态分布函数,即

$$E(Y) = \Phi[A - 5 + B\lg(X)] \tag{4-1}$$

在 DPS 的专业统计、"生物测定与药物动力学"下拉菜单中可以选择计数型或数量型机值分析命令,用最大似然的逼近方法估计参数 A 和 B,计算半数致死量 LD_{50}。计数型按药剂分组、剂量、受试生物数、死亡数顺序输入各列数据,数量型按药剂分组、剂量、死亡率顺序输入各列数据。在只有一种药剂时,分组的一列可以省略。在计算时,如图 4-9 所示的对话框询问剂量是否已取对数,及询问是否只计算 LD_{50} 及 LD_{90}。

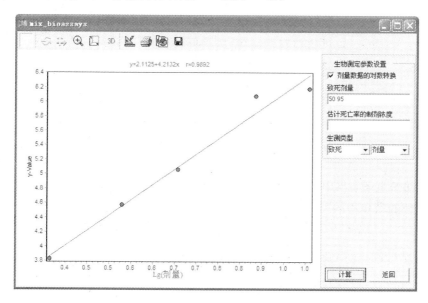

图 4-9　质反应生物测定分析对话框

近年来,国内外学者对 Finney 创立的概率单位分析提出了挑战。Robertson 和 Preisler 于 1992 年提出时间-剂量-死亡率模型(time-bose-mortality model,TDM)替代传统的概率单位分析并逐渐为学术界所接受。TDM 也称互补重对数模型(complementary log-log model,CLL),受试生物在时间 t_j 及剂量 d_i 时的死亡率为

$$p_{ij} = 1 - \exp[-\exp(t_j + \beta\lg d_i)] \tag{4-2}$$

式中的参数,用最大似然的逼近方法进行估计。

TDM 模型,既可得到半数致死量 LD_{50},又可得到剂量 d_i 使生物达到死亡率 p_{ij} 所需的时间 LT_{50}。使用 DPS 的"时间-剂量死亡率模型"命令时,第 1 列输入剂量,以后各列为用药后不同时间的生物存活数。

例 5　对不同剂量厚朴注射液小鼠死亡数据,求 LD_{50} 及其 95% 预测区间。

解　在 DPS 电子表格中,1,2,3 列输入剂量、受试只数、死亡只数,选择专业统计、生物测定下拉菜单中的"计数型数据机值分析"命令,可得如下结果:

处理	截距 A	斜率 B	SE(B)	相关系数	卡方值	df	P
	0.4148	10.3120	1.9421	0.9648	0.1125	4	0.9985
LD_{50}	对数浓度=	0.4447	95%置信区间	0.3882	～	0.4825	
	浓度=	2.7839	95%置信区间	2.4446	～	3.0375	

半数致死量 LD_{50} 的 95%置信区间为(2.4446,3.0375)。

例6　用乙酰甲胺磷的 5 个浓度处理西红柿上的害虫,各时段害虫的存活数据如表 4-4 所示。处理后害虫死亡过程缓慢,故适合用 TDM 模型分析数据。

表 4-4　乙酰甲胺磷 5 个浓度处理西红柿害虫的存活数据

浓　度	时　　间										
	0h	4h	8h	12h	24h	48h	72h	96h	120h	144h	168h
1	60	57	46	41	36	36	34	33	33	29	24
2	60	49	35	30	23	20	17	16	16	10	8
3	60	48	31	24	20	17	11	9	9	6	5
5	60	47	35	20	13	8	6	6	3	2	0
16	60	47	24	21	5	0	0	0	0	0	0

解　在 DPS 电子表格中,第 1 列输入浓度,第 2 列开始输入各时段存活只数,选择专业统计、生物测定下拉菜单中的"时间-剂量死亡率模型分析"命令,可得如下结果:

各时段致死对数剂量估计

时　段	LD50	SE	LD90	SE
1	1.6768	0.1831	2.6482	0.2997
2	0.7727	0.0796	1.7441	0.1692
3	0.4819	0.0756	1.4533	0.1325
4	0.1580	0.0960	1.1294	0.0959
5	0.0054	0.1104	0.9767	0.0849
6	−0.1305	0.1213	0.8409	0.0785
7	−0.1736	0.1248	0.7978	0.0771
8	−0.2069	0.1287	0.7644	0.0766
9	−0.3727	0.1426	0.5986	0.0736
10	−0.5045	0.1544	0.4669	0.0746

各对数剂量致死时间

对数剂量	LT50
0.0000	5.0386
0.3010	3.5429
0.4771	3.0142
0.6990	2.2448
1.2041	1.4817

可以看出,在 0h,4h,8h,…时段致死对数剂量估计为 1.6768,0.7727,0.4819,…

八、作　业

1. 测定不同温度下大螟幼虫发育历期和温度的关系,试建立适当的统计模型,并进行检验。然后求出大螟幼虫的发育起点温度、有效积温及其 95% 置信区间。

温　度	幼虫历期
17	14.02
20	10.41
23	7.84
26	5.68
29	4.87
32	4.65
35	4.95

2. 有人收集了 9 个自然、经济因素($x1 \sim x9$),探讨它们对森林覆盖率(y)的影响,试用逐步回归方法建立"最优"回归方程,并进行统计检验,所建立的方程在多大程度上解释森林覆盖率的变异幅度?

x1	x2	x3	x4	x5	x6	x7	x8	x9	y
74.3	91	5.76	1.3	108	66	17.4	84	9.5	51.2
70.4	157	8.04	2.2	126	68	17.2	56	24.2	52.5
78.7	77	7.94	2	114	63	17	65.3	22.8	62.9
78.9	67	6.86	1.5	110	55	17	93.3	25.1	64.3
49.1	91	4.92	1.5	92	49	16.5	37.3	10.7	39.3
57.6	219	5.56	2.5	91	48	16.8	18.7	37.3	37.3
53.1	221	7.42	3.9	90	48	16.8	18.7	27	30
70.1	123	5.38	3.1	123	59	17	74.7	34.6	47.8
86.6	45	12.54	1.2	105	57	14.8	74.7	37.3	69

续表

x1	x2	x3	x4	x5	x6	x7	x8	x9	y
82.2	81	13.24	1.6	131	61	15.9	112	16.5	62.3
76.8	90	10.7	1.5	131	69	15.8	65.3	22.2	67.6
88.9	83	1.98	1.8	107	65	14.5	23.3	42.1	79.3
88.9	83	1.98	1.8	107	65	14.5	3.5	42.1	79.3

3. 某杀虫剂生物测定数据如下,试进行机值分析。

浓　度	总虫数	死虫数
80	50	44
40	49	42
20	46	24
10	48	16
5	50	6
0	49	0

九、参考文献

[1] 唐启义. DPS 数据处理系统:第一卷　基础统计与实验设计. 第 3 版. 北京:科学出版社, 2013:1—429.

[2] 唐启义. DPS 数据处理系统:第二卷　现代统计与数据挖掘. 第 3 版. 北京:科学出版社, 2013:431—871.

[3] 唐启义. DPS 数据处理系统:第三卷　专业统计及其他. 第 3 版. 北京:科学出版社, 2013:875—1320.

（唐启义　祝增荣）

实验 5　应用二叉式和多途径鉴定植物有害生物

一、背　景

随着计算机信息技术的发展,多媒体技术提供了精彩的、丰富的图像界面。利用多媒体技术开发的信息系统,也极大地促进了有害生物鉴定。二叉式检索表是一种传统有害生物鉴定方式,有多种形式的设计,但常形成一系列成对排列的比较特征问题(图 5-1)。通过比较鉴定特征,可方便地鉴定出有害生物。然而,二叉式检索表在鉴定过程中也存在一些缺陷,如对有害生物的鉴定特征的识

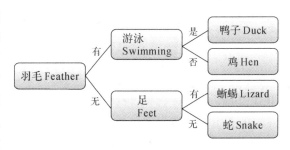

图 5-1　二叉式检索示意图

别,使用者必须具有专业知识或受到专门培训后才能掌握;当鉴定的样本特征缺失后,二叉式检索表就不能使用。

随着多媒体技术的发展,克服了二叉式检索存在的问题。开发的一些系统中图形/图像辅助为非专业人员提供了迅速识别有害生物的鉴定特征的手段,而针对样本特征缺失,开发出了多途径检索表。多途径检索表(multi-access keys)避免了二叉式检索表由于缺少某一性状而无法进行下去的缺陷。多途径检索表显然要比二叉式检索表复杂得多,需要借助程序的运算。Lucid Keys 系统(Lucid 2.0,Austrilia)的开发提供了多途径检索表的精彩范例。在检索表中,首先选择进行分类的分类单元,如某一属、科或目的生物种类,然后根据这些种类的分类特征及性状把分类单元区分开。其次,建立分类特征状态数据矩阵,并把特征状态数字化,如"Wings has two states","Present＝1" and "Absent＝0",用特征状态数字化后的数据,建立数字化矩阵(表 5-1)。

表 5-1　特征状态(Character State)数字化矩阵

Character State	1	2	3	4	1	2	3
Taxon *a*	0	1	0	3	4	1	1
Taxon *b*	1	2	1	1	3	1	1
Taxon *c*	0	1	0	0	1	2	5
Taxon *d*	1	1	1	4	2	2	2

当分类单元特征状态数据矩阵建立后,可生成检索表文件。Builder 子系统根据特征状态数据矩阵和每个分类单元之间的相互关系生成 LucID 检索表及相关的多个附属文件

（图 5-2），至此，生成的 LucID 检索表文件可在 Player 子系统中显示。

二、实验目的

通过应用辅助系统对有害生物种类进行搜索和鉴定，了解系统开发的原理、设计思路和实现的方式，使学生体会和加深了解计算机技术在植物保护中的具体应用和开发思路。

三、二叉式检索鉴定有害生物

用"Crop Protection Compendium"（作物保护纲要）软件中的"Weed-Identification Aid"为例，说明图形/图像界面式的二叉式检索。

图 5-2　LucID 检索表与多个附属文件建立的关系

1. 打开杂草鉴定辅助系统，出现界面选择，依据你的标本，从三个选项中做选择（图 5-3）：植物是无叶的或仅具有鳞片（The plant is leafless or with scales only）；植物是具有长而窄的叶，像典型的禾本科杂草、灯心草和莎草（The plant is grassy with long narrow leaves like a typical grass, rush and sedge）；植物有宽的叶或它们是轮生的或横截面是圆的（The plant has broader leaves or they are in whorls, or are round in cross-section）。

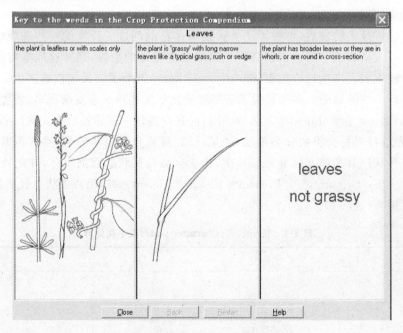

图 5-3　"杂草鉴定辅助"系统选择界面

2. 如果你的植物标本与中间的图形类似，那么用鼠标选择，出现茎的形状选择（图 5-4）：茎是有角的，通常三角形（the stem is angular, usually triangle）；茎是圆形的或卵圆形的（the stem is rounded or oval）。

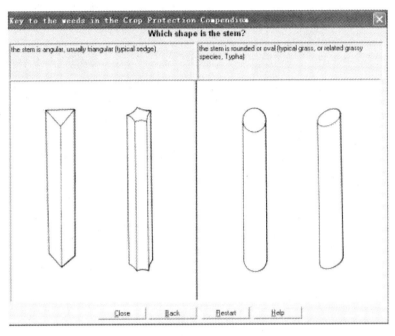

图 5-4　茎的形状选择界面

3. 如果你的植物标本与右边的图形类似,那么用鼠标选择,出现花序形状选择(图 5-5):花序紧密的,显然是侧生的(the inflorescence is compact,apparently lateral);花序是末端生或伞状花序(the inflorescence is a terminal particle or umbel)。

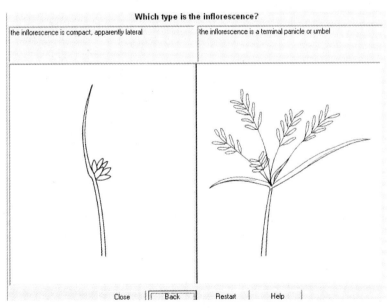

图 5-5　花序的形状选择界面

4. 如果你的植物标本与左边的图形类似,那么用鼠标选择,出现种间形状选择(图 5-6):萤蔺(bulrush,*Scirpus juncoides*);荆三(saltmarsh bulrush,*Scirpus maritimus*)。依据种的描述确定你的标本属于哪个种。

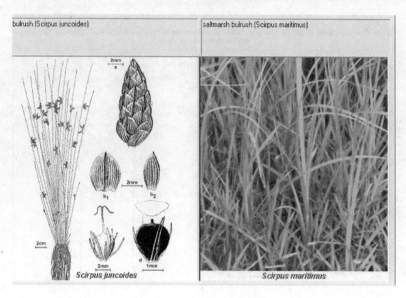

图 5-6　植物种的选择界面

四、多途径检索鉴定有害生物

以"Lucid"软件的多途径检索表（Multi-access keys）为例，说明多途径检索表鉴定的优点。用户根据鉴定的标本选择特征和特征状态，程序搜索与标本相关的分类单元，剩余一个或几个分类单元，这就是用户鉴定出的分类单元或最近的分类单元。其中每一个特征状态都配有对应的图像加以说明，用户可浏览缩图或缩图展开的图像，对特征和特征状态的识别一目了然。用户在鉴定过程中也可浏览每一分类单元图文信息，以便作出正确的判断。

1. 打开昆虫的"Order 目"检索表，Window 界面被分为 4 个部分，依次为 The characters available window（图 5-7 左上）、The character states chosen window（图 5-7 右上）、The taxa

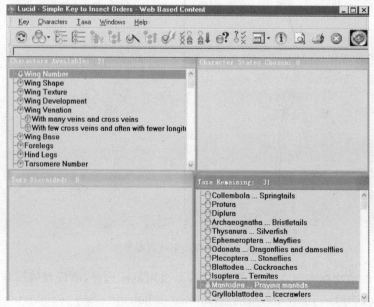

图 5-7　昆虫的"Order 目"检索的选择界面

discarded window（图 5-7 左下）、The taxa remaining window（图 5-7 右下）。

2. 选择特征和特征状态。依据标本，首先选择特征，如选择昆虫的"Wing Number"，出现 4 个特征状态的选择（图 5-8）。对于非专业用户，系统提供了每种状态的模式图，依据模式图，用户可识别要"鉴定标本"的特征状态，从而作出正确的选择。用鼠标点击每个"i"图标，可观察每种特征状态的特征，也可点击"Wing Number"前的"三角形"图标，4 个特征状态

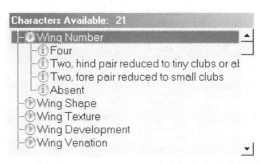

图 5-8　昆虫的"Wing Number"4 个特征状态的选择界面

的形态图就同时显示。为了放大图形，用户用鼠标拖"图"到"摄像机"图标上，出现该图放大的窗体（图 5-9 右上方）；如果用户用鼠标拖"图"到"书"的图标上，出现该图放大的窗体，并具有文字说明（图 5-9 右下方）。

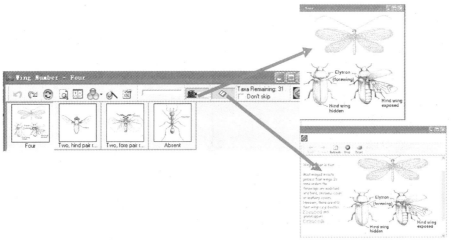

图 5-9　昆虫"Wing Number"为"Four"缩图的不同放大结果。拖到"摄像机"中的放大
（右上）和拖到"书"中的放大及其文字说明的窗体界面

一旦用户选择了"Wing Number"为"Two，fore pair reduced to small clubs"特征状态，系统将立即搜索匹配的分类单元，匹配的分类单元保留在"The taxa remaining window"中，而不匹配的分类单元被移到"The taxa discarded window"中（图 5-10）。

3. 继续选择特征和特征状态。当选择了 3 个特征和特征状态后，"The taxa remaining window"中仅显示一个分类单元。你的标本鉴定结果就是属于这个分类单元，即"Orthoptera...Grasshoppers"（直翅目……蝗虫，图 5-11）。

4. 检查分类单元信息，进一步确认鉴定结果。用鼠标点击分类单元前的图标，会出现包含"Notes"、"Image"和"Netsearch"选择。用户可进一步检查分类单元信息注释、图形/图像或网络搜索查询。

五、实验注意事项

实验过程中要注意系统的整体结构和模块之间的连接，了解系统设计的技巧和运用多媒体技术的方式。

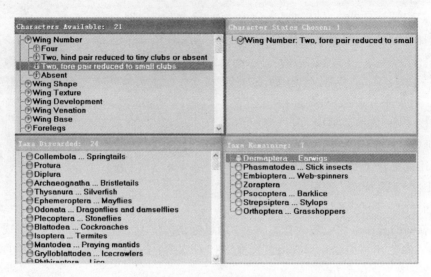

图 5-10　选择昆虫有 4 翅、前翅退化成小棒状的检索结果

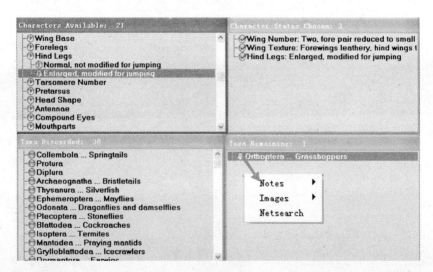

图 5-11　当选择了翅数目、翅质地和后足 3 个特征状态后剩余一个目"Orthoptera"直翅目的界面

六、作　业

1. 选择一个线虫或杂草标本，用"Crop Protection Compendium"软件进行鉴定。
2. 选择一个昆虫或植物标本，用 Lucid 进行鉴定。
3. 试述用二叉式检索表和多途径检索表鉴定有害生物的优缺点。

七、参考文献

[1] Dichotomous keys：(http://www. lucidcentral. org/keys/dichotomous. htm)

[2] Multi-access keys：(http://www. lucidcentral. org/keys/multiaccess. htm)

（张敬泽）

实验 6 植物病虫害生物信息分析中的 Unix 系统命令应用

一、背 景

在基因组时代以及后基因组时代,生物信息学显然已成为解码生命的核心学科之一。由于生物信息量巨大,需要高性能的计算机群(High-Performance Computing,HPC),用户可上传数据,运行程序,允许成百上千的用户使用单个程序。Unix 系统具有运算速度快、安全、稳定,尤其是多用户的优势,成为生物信息学研究的首选操作系统。对于 PC 机,下载和安装"Putty"的 SSH 工具(http://www.chiark.greenend.org.uk/sgtatham/putty/download.html),用户用 SSH 工具连接 Unix 服务器,在服务器上可运行程序。

由于 Unix 服务器硬件要求比较高,限制了学习和使用 Unix/Linux 环境的机会。然而,Gnus Solutions 公司开发的自由软件 Cygwin,可在 Windows 环境下提供对 Unix/Linux 环境的模拟与支持,具有较为完善的 Unix/Linux 工具包和编程环境,对于学习 Unix/Linux 操作环境,或者从 Unix 到 Windows 的应用程序移植,或者进行某些特殊的开发工作,非常有用。本实验采用 Cygwin 软件来学习 Unix 操作环境命令,演示对核酸序列的操作。

二、实验目的

了解和使用 Unix 系统命令,掌握命令基本格式,理解其强大的功能;进行初步的植物病原真菌核酸序列文件的分析,激发对 Unix 系统和生物信息学的兴趣。

三、运行环境

运行环境:Windows XP or Windows 7;
应用软件:Cygwin。

四、Unix 命令使用

1. 登录系统
通过输入用户名和密码,进入系统,光标到达"-bash-3.2＄"后,表示可输入命令。

2.基本的命令使用
(1)Unix 文件系统的命令

ls	列出目录文件
cd	改变目录
cd~	到用户根目录(/user)
cd..	向上移动一个目录
cd. /	向下移动一个目录
pwd	当前目录是什么?
mkdir	建立一个目录
rmdir	删除一个目录

(2)Unix 显示文件的命令

cp file1 file2	Copy a file to a location
mv file1 file2	Move file or rename file
rm	Remove a file
cat	显示文件内容;连接两个文件内容(cat file1 file2 是把文件 file1 和 file2 连在一起),然后输出到屏幕上
More file1	显示文件 file1 的内容
Less file1	另外程序显示文件 file1 的内容
vi file1	用文本编辑器 vi 打开文件 file1

(3)高级文件操作命令

wc-i file1	Count number of lines in file 1
wc-c file1	Count number of characters in file 1
sort	Sort the contents of a file
uniq	Will remove duplicate lines from a column
cut	Extract columns from a file
grep 'pattern' file	Search for pattern inside a file
which	Shows path to an executable
whereis	Where is a file located
tr char1 char2	Translate characters in text file
sed pattern1/pattern2	Replace a pattern of characters inside a file
diff file1 file2	Difference between two files

五、用 Unix 命令对核酸序列进行操作

选用茭白黑粉菌(*Ustilago esculenta*)基因组测序的 contigs 部分序列,建立核酸序列文件 file1. txt。

文件 file1. txt 内容如下:

>contig03824　length = 103　numreads = 6

ataaaattacctaaagtcctatagcctaaaattataactatagctatataccttataattaaacgctattagcagcttaggggtagaaactccctatattaa

>contig03825　length = 101　numreads = 7

aaaaggctatagaattataagtaaggggatataataaacgctatacactaaaagaatacttttataaagagattattaggctgttaataaaaaactttagg

>contig03827　length = 102　numreads = 14

ccgtcccacttaccttggccggcgttttttcttcttcttcttcttcttcttcttcttcttcttcttcttcttcttcttcttcttcttcttcttcttctct

>contig03828　length = 102　numreads = 100

ctctatatacctctatataactagaataccttagcctttacagactatagaggtatctctagaccttagaagaggacacagaacatgtaacatatctaaaac

>contig03829　length = 102　numreads = 40

agtatagttacttatatattaatatatctcacttatatatatattcaatatatcttaataatattacttatttacttatatatatatatatatatatata

首先在 Cygwin 中变换目录到文件 file1 目录下。

综合命令例子操作如下:

1. 提取含有 '>' 行,并且保存在 test. txt 文件中。

awk '/^>/' file1.txt　　　　# 　搜索行开始含有>的行。

结果如下:

```
$ awk '/^>/' file1.txt
>contig03824    length=103    numreads=6
>contig03825    length=101    numreads=7
>contig03827    length=102    numreads=14
>contig03828    length=102    numreads=100
>contig03829    length=102    numreads=40
```

2. 删除 '>',提取,并求第二列和(碱基数和)

less file1. txt　|　grep　'>'　|　sed 's/length＝//g'|awk '{ sum＋＝ $2 } END {print sum}'　# 由于 awk 命令把一行作为一个记录,把每个记录(record)分成不同的域(fields),每个域用 $x 表示。在我们研究的文件中的行结构为:contig00001 length ＝ 413995 numreads＝33703。显然这个记录分为 3 个域。

```
$ less file1.txt | grep '>' | sed 's/length=//g' | awk '{ sum += $2 } END {print sum}'
510
```

3. 提取核算序列

awk ' $ 0 ! ~ />/{print }' file1.txt

```
$ awk ' $0 !~ />/{print }' file1.txt
ataaaattacctaaagtcctatagcctaaaattataactatagctatataccttataat
taaacgctattagcagcttaggggtagaaactccctatattaa
aaaaggctatagaattataagtaaggggatataataaacgctatacactaaaagaatact
tttataaagagattattaggctgttaataaaaaactttagg
ccgtcccacttaccttggccggcgttttttcttcttcttcttcttcttcttcttcttc
ttcttcttcttcttcttcttcttcttcttcttcttctct
ctctatatacctctatataactagaataccttagcctttacagactatagaggtatctct
agaccttagaagaggacacagaacatgtaacatatctaaaac
agtatagttacttatatattaatatatctcacttatatatatattctaatatatcttaata
attacttatttacttatatatatatatatatatata
```

4. 统计碱基数

awk ' $ 0 ! ~ />/ ' file1.txt| wc - m

或 awk ' $ 0 ! ~ />/{print }' file1.txt | wc - m　　　　　　　　　　# wc - l 输出行数统计;wc - c 输出字节数统计;wc - m 输出字符数统计;wc - w 输出单词数统计。

5. 列间互换位置

grep '>' file1.txt | awk '{ print $ 1, $ 3, $ 2 }'

```
$ grep  '>' file1.txt | awk '{ print $1, $3, $2 }'
>contig03824 numreads=6 length=103
>contig03825 numreads=7 length=101
>contig03827 numreads=14 length=102
>contig03828 numreads=100 length=102
>contig03829 numreads=40 length=102
```

6. 碱基分组

把核算序列按照 3 个一组中间插入空格。

awk ' $ 0 ! ~ />/{print }' file1.txt　| sed 's/.../& /g'.

```
$ awk ' $0 !~ />/{print }' file1.txt | Sed 's/.../& /g'
ata aaa tta cct aaa gtc cta tag cct aaa att ata act ata gct ata tac ctt tat aat
taa acg cta tta gca gct tag ggg tag aaa ctc cct ata tta a
aaa agg cta tag aat tat aag taa ggg gat ata ata aac gct ata cac taa aag aat act
ttt ata aag aga tta tta ggc tgt taa taa aaa act tta gg
ccg tcc cac tta cct tgg ccg gcg ttt ttc ttc ttc ttc ttc ttc ttc ttc ttc ttc ttc
ttc ttc ttc ttc ttc ttc ttc ttc ttc ttc ttc ttc ttc tct
ctc tat ata tat aac tag aat acc tta aga att aca gac tat aga ggt atc tct
aga cct tag aag agg aca cag aac atg taa cat atc taa aac
agt ata gtt act tat ata tta ata cta ctt ata tat ata ttc taa tat atc tta ata
ata tta ctt att tac tta tat ata tat ata tat ata
```

六、实验注意事项

注意 Unix 命令的特点,熟悉 Unix 命令的格式及其强大的功能。

七、作　业

1. 在 cygwin 上执行 Unix 命令,熟悉基本命令。

2. 用 Unix 命令,提取文件 nclear_sequence. txt 中含有"＞"符号的行,删除"＞"和其他字符,仅仅保留 contig＋number;统计核酸序列数、核酸总长度、总 numreads。写出操作步骤和分析结果。

八、参考文献

[1] [美]史蒂文斯,[美]拉戈著. UNIX 环境高级编程. 第 2 版. 尤晋元,张亚英,戚正伟译. 北京:人民邮电出版社,2006:758.

[2] [美]Robin Burk 等著. UNIX 技术大全——系统管理员卷. 前导工作室译. 北京:机械工业出版社,1998:755.

（张敬泽）

实验 7　植物保护知识、技术、 产品图案文字制作

一、背　景

　　随着信息技术的不断发展,大众对审美的需求日益增加,在向农业技术推广服务中心、合作社、农业企业从业者、农民推广植物保护基础知识、技术和产品时,若单是传递内容,恐枯燥乏味而达不到有效推广的目的,因此需要将内容形象生动化。运用一些信息处理软件,如Adobe Photoshop,对图像、图形、文字进行设计编辑,在吸引人们眼球的同时也达到直观、清晰地传递植物保护信息的目的。

　　Adobe Photoshop,简称 PS,是由 Adobe Systems 开发和发行的图像处理软件。它主要处理以像素所构成的数字图像,使用其众多的编修与绘图工具,可以有效地进行图片编辑工作。PS 有很多功能,在图像、图形、文字、视频等各方面都有广泛的用途。PS 软件运行界面由 3 个部分组成:标题栏、菜单栏和图像编辑窗口。标题栏位于主窗口顶端,分别是Photoshop 标记、最小化、最大化/还原和关闭按钮。菜单栏为整个环境下所有窗口提供菜单控制,包括文件、编辑、图像、图层、选择、滤镜、视图、窗口和帮助等九项命令。图像编辑窗口是 Photoshop 的主要工作区,用于显示图像文件。

　　掌握 PS 技术不仅可以应用在植物保护技术产品有关的图案文字制作方面,还可以对图像进行多样化编辑,如图像色彩的校正、多种特效滤镜的使用、特效字的制作、图像输出与优化等。

　　除了本实验介绍的软件外,还有许多动态图片制作软件,例如 Fireworks、Ulead GIF Animator 5、Bannershop GIF Animator、Adobe ImageReady 等,同学们可自行探索学习。

二、实验目的

　　掌握与植物保护知识、技术和产品有关的图案文字制作技巧,作为练习实例,本实验仅制作"植物保护"四个图案文字。

三、实验器材

　　装有 Adobe Photoshop CS3 的计算机,激光打印机。

四、实验步骤

　　制作思路和技术要点:层编组、图层样式的等高线设置。

　　层编组是一种很灵活的合成方式,编组的原理是利用下层像素作为蒙板,剪切显示上层的像素,被编组的对象可以在"容器"中自由移动。调整图层的上色可以灵活控制操作效果,

随时根据具体需要而改变。

　　图层样式的等高线设置,即同样的样式,利用不同的等高线就可以产生不一样的效果。

　　大家可以利用本例提供的思路,变换文字内的图片或者颜色。为了保证最后的效果,请选用一些笔画较粗的字体。

　　素材如图 7-1 所示。

图 7-1　素材图(水稻)

　　效果图如图 7-2 所示。

图 7-2　效果图

(一)制作步骤

　　1.新建一个文档,用文字工具分别输入 4 个汉字,形成 4 个单独的文字层,选择适当的字体,这里每字均选用"华文新魏"字体,如图 7-3 所示。分别自由变换缩放,并移动到合适的位置。

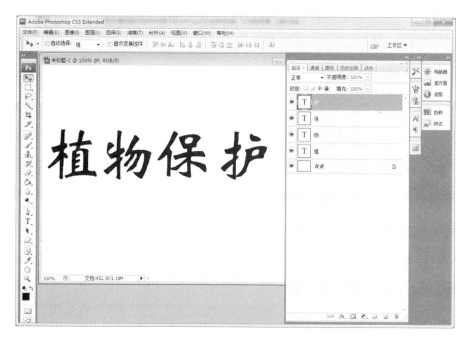

图 7-3　输入文本

2. 选择一张素材图片,用移动工具拖拽至当前的文件上,形成一个新图层。

3. 在素材图层上按 3 次 CTRL＋J 进行快速复制,然后分别把这 4 个图层移动到相应的字母层上,在图层上右键点击"创建剪贴蒙版"(图 7-4)。

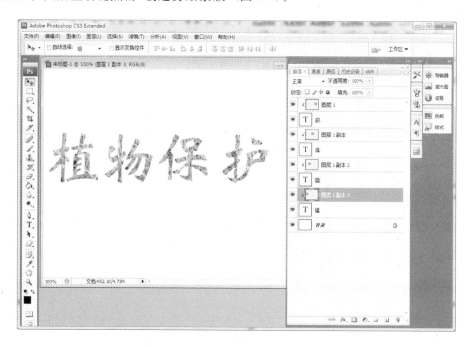

图 7-4　创建剪贴蒙版

4.每次分别选中文字"植物保护"上面的图层,依次点击"图层"菜单、"新建填充图层"、"纯色填充层",在弹出的对话框中,选择混合模式为颜色(图 7-5),勾选编组的复选框。

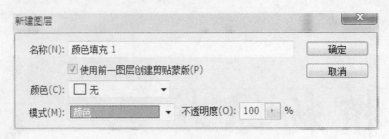

图 7-5　新建"颜色填充"图层

5.在拾色器中选择一种合适的颜色,完成填充层的颜色设定。比如标准红色 RBG 参数为(255,0,0),天空蓝(0,255,255),紫色(139,255,255)。回到背景层,填充黑色。在背景层上新建一层,点击左侧"横排蒙版文字"工具(图 7-6),分别输入"植物保护",加大像素点,然后在选区内填充黑色(图 7-7)。

图 7-6　创建"横排蒙版文字"

图 7-7　编辑横排蒙版文字

6. 对图层执行 outer glow(外发光)的图层样式,在 contour(等高线)选项中选择如图 7-8 所示的等高线样式,并设置 spread 和 size 的数值。

图 7-8　编辑图层样式

7.最终效果如图 7-9 所示。

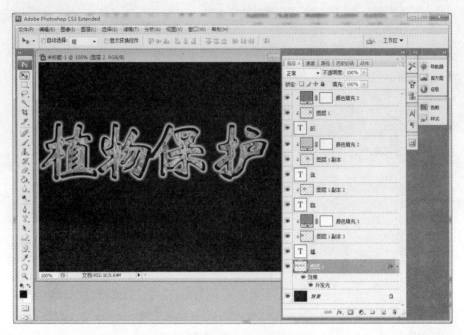

图 7-9 最终效果图

五、作 业

每位同学独立完成图案文字的制作。

六、思考题

在对文字进行效果处理时,图层样式中有许多选项,可以达到不同的投影效果,同学们可以自行摸索。

七、参考文献

[1] Adobe 专家委员会,DDC 传媒. ADOBE PHOTOSHOP CS3 基础培训教材.北京:人民邮电出版社,2009.

(吴慧明 张敏菁)

实验8 植物保护浮动文字的制作

——Flash 技巧

一、背 景

互联网技术的发展和普及推动着人类进入信息时代,信息传播更加迅速,信息获取更加便捷。植物保护技术的推广也不仅仅局限于平面媒体,如书籍、报纸、海报等,而更多地向网络媒体发展。因此,静态图文设计已满足不了植物保护知识推广的要求,动态效果的文字图形编辑已然成为植物保护专业学生需掌握的一项技能。

Flash 是一种交互式矢量图和 Web 动画的标准,它又被称为"闪客"。网页设计者使用Flash 创作出既漂亮又可改变尺寸的导航界面,以及其他奇特的效果。Flash 动画设计的三大基本功能是整个 Flash 动画设计知识体系中最重要的,包括绘图和编辑图形、补间动画和遮罩,其中,补间动画是 Flash 的核心内容,它包括动作补间动画(motion tweens)、形状补间动画(shape tweens)、逐帧补间动画、遮罩动画和引导层动画。

掌握动态文字、图形的制作方法,能够为制作网页打下基础。

二、实验目的

掌握 Flash 制作动态字头的技巧。作为练习实例,本实验仅制作"Plant Protection"。

三、实验器材

装有 Flash MX 的计算机,激光打印机。

四、实验步骤

第 1 步,启动 Flash MX,新建一个文件,在舞台的空白处单击右键选择"文档属性",弹出其对话框,设舞台的大小为 400PX×200PX,颜色为黑色,如图 8-1 所示。

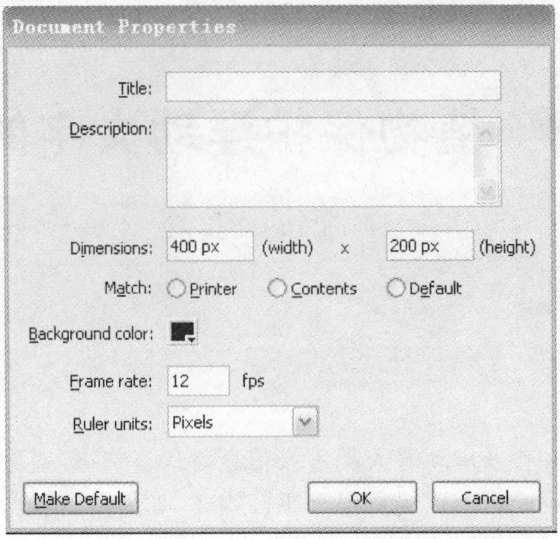

图 8-1   启动 Flash

第 2 步，我们现在要制作一个过滤条，有了它才能做出文字的浮动效果，按"Ctrl＋F8"键弹出"创建新元件"对话框，创建一个名为"滤条"的图形元件，如图 8-2 所示，单击"OK"进入其编辑状态。

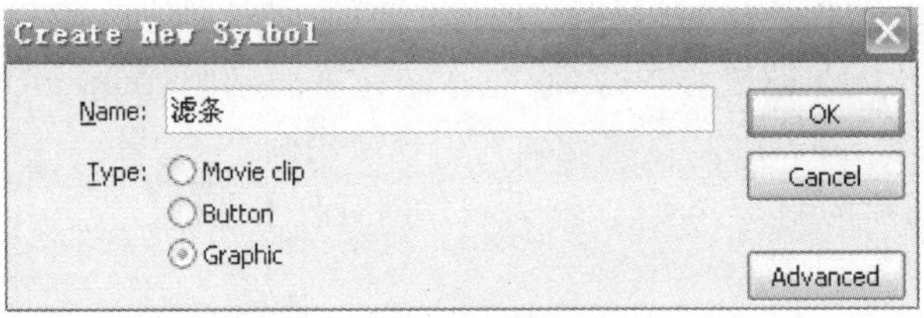

图 8-2   创建新元件

第 3 步，为了便于绘制，我们选择"视图"→"网络"→"显示网络"，在编辑区显示网格线。用工具栏中的"矩形工具"画一个没有边框、颜色为任意色的矩形，然后用黑剪头工具将它调整倾斜，成为平行四边形。

第 4 步，单击"窗口"→"设计面板"→"混色器"弹出混色器面板，设置填充样式为"线性"，为黑白黑渐变用油漆桶工具，使用设置好的线性渐变色填充画好的四边形，如图 8-3 所示。

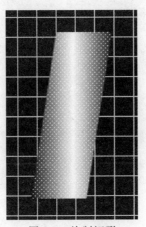

图 8-3   绘制矩形

第 5 步,再复制一个四边形,用混色器面板调整线性渐变为"白黑白渐变",如图 8-4 所示。

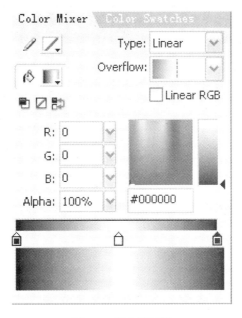

图 8-4　混色器面板

然后将两个四边形连接在一起,把这两个四边形在原地复制出几个来,再用光标移动键移动,使它们连在一起,如图 8-5 所示,"滤条"元件完成了。

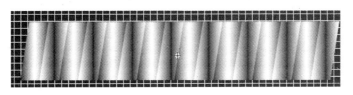

图 8-5　完成的"滤条"元件

第 6 步,再按"Ctrl+F8"键创建一个名为"words"的图形元件,如图 8-6 所示,单击"OK"进入其编辑状态。

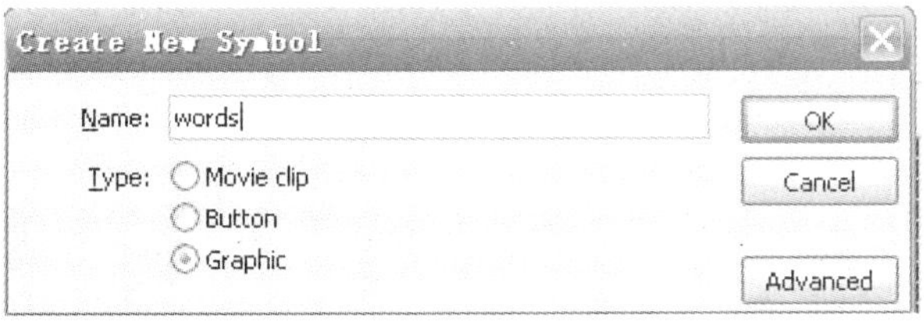

图 8-6　创建图形元件

第 7 步,单击工具箱中的"文本工具",再单击窗口下方的属性,弹出属性面板,设置字体。输入文字"Plant Protection",如图 8-7 所示。单击时间轴左上方的场景 1,返回主场景。

第 8 步,按"Ctrl+L"打开库面板,将库中的"滤条"元件拖到舞台中。再单击时间轴左下角的"插入图层"按钮,新建一图层 2,单击图层 2 的第一帧,将图库中的"文字"元件拖到舞台

图 8-7　输入文本

中央。

第 9 步，选中图层 2 中的"文字"元件并右击选择快捷菜单中的复制，再单击"插入图层"按钮，新建一图层 3，单击图层 3 的第 1 帧，并选择菜单"编辑"→"粘贴到当前位置"选项，使图层 2 和图层 3 的文字是重叠的，这样才能使文字有浮动效果。

第 10 步，选择图层 1，移动"滤条"元件，使它的右边与文字的右边对齐，如图 8-8 所示。

图 8-8　在不同帧处移动滤条元件

按住 Shift 键，分别点击三个图层的第 40 帧，按 F6 键创建关键帧。再单击图层 1 的第 40 帧，用光标移动键右移"滤条"元件，使它的左边与文字的左边对齐，如图 8-9 所示。

图 8-9　创建关键帧

第 11 步，右击图层 1 的第 1 帧处，从弹出的快捷菜单中选择"创建补间动画"，使"滤条"元件产生从左向右的运动动画。

第 12 步，这样图层 1、图层 2 的动画已经不需改动了，我们就单击时间轴的锁定图层，锁住图层 1 和图层 2，在图层 3 的第 20 帧处按 F6 键插入一个关键帧。选中第 20 帧中的"文字"实例，打开属性面板，选择"颜色样式"为"Alpha"，并设值为 60％左右，再用"任意变形工具"的缩放功能把文字实例稍稍放大一点，如图 8-10 所示。

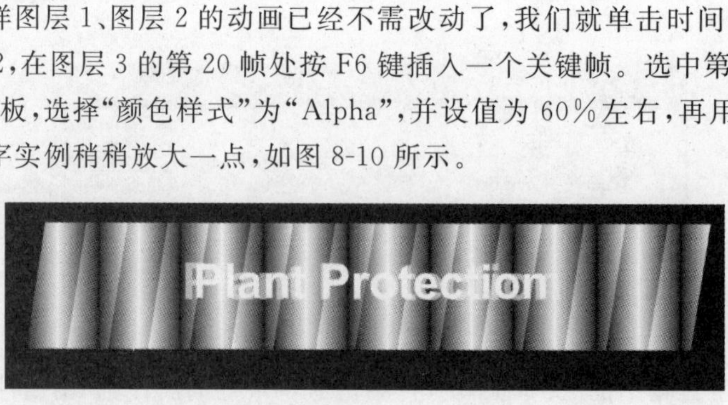

图 8-10　编辑文字大小

第 13 步，单击图层 3 的第 1 帧中的"文字"实例，打开属性面板，将"颜色样式"也选择为"Alpha"并设其值为 20％，按同样的操作，把第 40 帧中的文字实例的透明度设为 0。

第 14 步,在图层 3 的第 1 帧处右击,从弹出的快捷菜单中选择"创建补间动画",在第 1 帧与第 20 帧之间创建运动动画,用同样的方法,在第 20 帧与第 40 帧之间创建运动动画,使文字实现淡入淡出且变形的运动,从而实现浮动的效果。

第 15 步,右击图层 2 名称处,弹出快捷菜单,选择"遮罩层",浮动的文字效果完成了,最后的时间轴如图 8-11 所示。

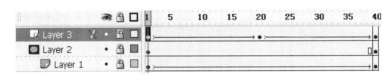

图 8-11　遮罩层

按"Ctrl+Enter"欣赏一下似在水中浮动的文字效果,如图 8-12 所示。

图 8-12　最终效果图

五、作　业

独立完成图案文字的制作。

六、思考题

在本实验中运用到的是"运动补间动画",请同学们探索学习"形状补间动画"和"逐帧动画 Frame by Frame",模拟蝴蝶飞舞。

七、参考文献

[1] Adobe 专家委员会,DDC 传媒. ADOBE PHOTOSHOP CS3 基础培训教材. 北京:人民邮电出版社,2009:269.

（吴慧明　张敏菁）

实验 9　系统控制与系统模拟

——应用电子表格组建系统模拟模型

一、原　理

　　生物种群的时间动态有其内在规律,可以用初始种群密度、出生率、年龄特征的存活率(死亡率)来表达。对昆虫的种群动态模拟和预测是害虫管理中重要的基础性工作。种群动态模型是定量描述种群动态的数学公式,包括建立模型、校验、初步预测、修正原有模型、灵敏度分析、用实际数据验证等,使模型与实际有最大的一致性。通过模型在计算机上进行模拟实验,不仅有助于了解昆虫种群动态变化的基本格局,还能在此基础上对种群数量进行预测,更能通过应用编制的模型分析环境因素、生物因素和人工防治技术因素对生物种群动态的影响机理、确定关键因子、优化治理措施组合。因而,模型模拟研究已成为生态学的一个重要研究方法。

　　Microsoft Excel 是微软公司办公软件 Microsoft Office 的组件之一,它可以进行各种数据的处理、统计、分析和辅助决策操作,广泛地应用于管理、统计、财经、金融等众多领域。Excel 函数是执行计算、分析等处理数据任务的特殊公式,一共有 11 类,分别是数据库函数、日期与时间函数、工程函数、财务函数、信息函数、逻辑函数、查询和引用函数、数学和三角函数、统计函数、文本函数以及用户自定义函数。因此,利用 Excel 强大的数据处理功能可以建立生物种群动态模型,分析各种因素对种群动态的影响。

二、目的及内容

　　1. 通过上机实际操作了解应用电子表格(MS Excel)组建有害生物种群动态系统模拟模型的基本方法。

　　2. 通过应用编制的模型分析环境因素、生物因素和人工防治技术因素对生物种群动态的影响机理。

三、硬件设备、运行环境、应用软件

　　1. 硬件设备:计算机。

　　2. 运行环境:Windows XP 或 Windows 2000 以上。

　　2. 应用软件:MS Excel。

四、步骤与方法

　　1. 熟悉 Excel

　　纵向:A,B,C,…,IV,最多 256 列;横向:1,2,3,…,无数行;每格子(cell)既存文字又可存数值、公式。

2．编制 LOGISTIC 模型

(1) 在 MS Excel 条件下，学习最简单的 LOGISTIC 模型的运行。

$$N_t = N_{t-1}[1 + r(1 - \frac{N_{t-1}}{K})]$$

式中，N_t：t 时刻感病植株百分率；

r：病害扩展速率；

K：最高感病率（所有植株都感病）。

在 Excel 中显示公式，见图 9-1、图 9-2 所示。

图 9-1　显示公式

	A	B	C	D
1			t	Nt
2	r	1.1	0	=B4
3	K	100	=C2+1	=D2*(1+B$2*(1-D2/B$3))
4	N0	0.01	=C3+1	=D3*(1+B$2*(1-D3/B$3))
5			=C4+1	=D4*(1+B$2*(1-D4/B$3))
6			=C5+1	=D5*(1+B$2*(1-D5/B$3))
7			=C6+1	=D6*(1+B$2*(1-D6/B$3))
8			=C7+1	=D7*(1+B$2*(1-D7/B$3))
9			=C8+1	=D8*(1+B$2*(1-D8/B$3))
10			=C9+1	=D9*(1+B$2*(1-D9/B$3))
11			=C10+1	=D10*(1+B$2*(1-D10/B$3))
12			=C11+1	=D11*(1+B$2*(1-D11/B$3))
13			=C12+1	=D12*(1+B$2*(1-D12/B$3))
14			=C13+1	=D13*(1+B$2*(1-D13/B$3))
15				
16				

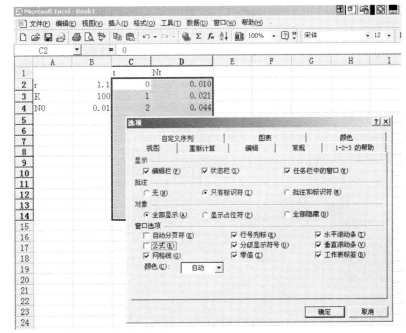

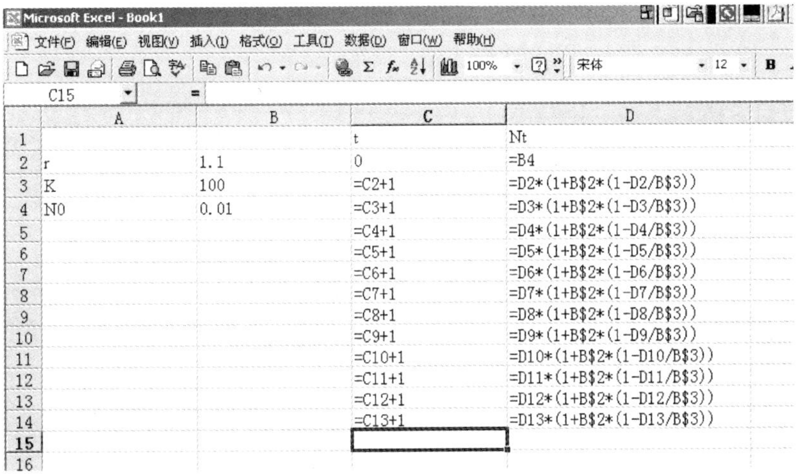

图 9-2　显示公式效果图

输出结果见图 9-3 所示。

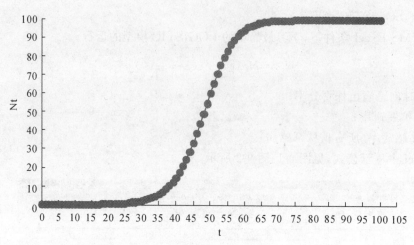

图 9-3　输出结果

(2)改变参数 r,K,N0,观察输出值的变化趋势。

当 r=2.3,K=100,N0=0.002 时,可得如图 9-4 所示图形。

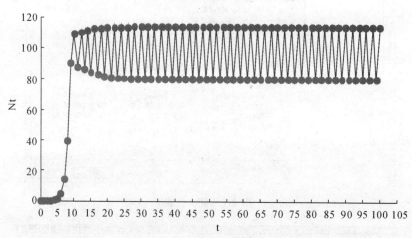

图 9-4　输出值变化趋势

2.编制可可荚螟种群动态模型

可可荚螟(Cocoa pod borer,CPB)(*Conopomorpha cramerella*)的生活史(Mumford & Ho,1988)如图 9-5 所示。

老熟幼虫从荚中爬出,到树冠的叶片或土中化蛹。

可可荚螟种群动态模型可以简化成三个过程:卵存活率与密度无关;幼虫存活率与豆荚密度有关,豆荚多时,适合幼虫发育的豆荚也越多;生殖力——可可全年均可产豆荚,但以 6 个月为 1 个循环,该循环影响可可荚螟幼虫的存活率。

管理措施如下:

(1)可可树低矮时,疏果调节结荚周期;

(2)用杀虫剂治成虫(效果各异);

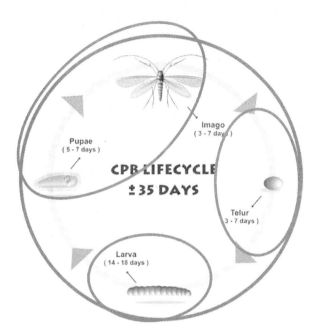

图 9-5　可可荚螟生活史

（3）抗虫品种可减低幼虫存活率；

（4）诱捕或性外激素干扰成虫交配,降低生殖力；

（5）寄生蜂降低卵存活率；

（6）农民关注各措施的相对效果及其成本；

（7）以上措施可以结合到模型（图 9-6)中,回答相应问题。

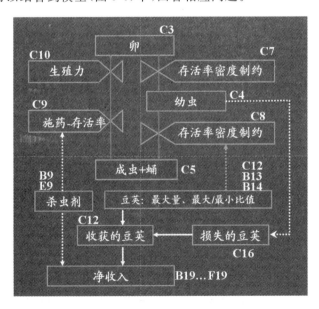

图 9-6　可可荚螟模型流程图

在图 9-6 中,Cx 为相应的 Cell 格子序号。

函数方程如下：

Egg＝（Adult and Pupae）* Fecundity

Larvae＝Egg * （Egg survival）

（Adult＋Pupae）＝Larvae * （Larval survival）* （Spray survival）

Egg survival＝0.1

Larval survival＝0.4 * （HP）/（Pods max./ha）

Spray survival＝防治效果，if（HP）＜3000/（（Pods Max_min ratio）－1）；1，otherwise

Fecundity＝50

Harvested pods（HP）＝3000 * （（（COS（（（month－1）* 3.14159/3＋1）2 * （1－（1/Pods Max_Min ratio）））））＋（3000/Max_Min ratio）

Damaged pods＝0，if Larvae/HP＜1，＝HP－HP * HP/Larvae，otherwise

Spray ＄＝150/month，＄900/cycle（6 m）

模型的运算过程如图 9-7 所示。

	A	B	C
1	Month		=B1+1
2		Initial	
3	卵量 Eggs		=B5*B10
4	幼虫 Larvae		=INT(C3*C7)
5	成虫和蛹 Adults and pupae	10	=INT(C4*C8*C9)
6			
7	卵存活率 Egg survival	0.1	=B7
8	幼虫存活率 Larvae survival	0.4	=$B8*C12/$B13
9	施药后存活率 Spray survival	1	=IF(C12<($B13/($B14-1)),$B9,1)
10	生殖力 Fecundity	50	=B10
11			
12	收获的豆荚 Hravested pods		=INT(($B13*(((COS((C1-1)*3.14159/3)+1)/2)*(1-(1/$B14))))+($B13/$B14))
13	每公顷最高豆荚Pods maximum/ha	3000	
14	Pod max/min ratio	3	
15			
16	Damageed pods/ha		=IF((C4/C12)<1,0,INT((C12-(C12*C12/C4))))
17			
18	Cost and returns total	OK pods	Damaged
19		=SUM(C12:AL12)-C19	=SUM(C16:AL16)
20			

图 9-7　模型的运算过程

通过 Excel 软件作 x-y 散点图（图 9-8），y 轴取对数得如图 9-9 所示结果。

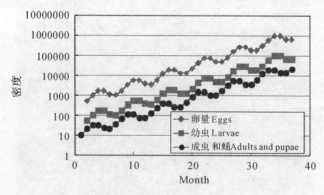

图 9-8　可可荚螟卵量、幼虫、成虫和蛹数量变化情况

用模型回答管理问题，其中参数代码如下：疏果调节结荚周期：B14；抗虫品种的幼虫存活率：B8；杀虫剂治成虫效果：B9；诱捕或性外激素干扰成虫交配，降低生殖力：B10；寄生蜂降低

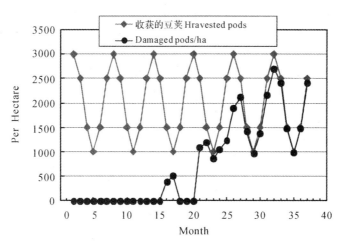

图 9-9　可可豆荚收获量与为害量

卵存活率:B7。Spray survival 0.75 vs 1.0,运行结果如图 9-10 所示。

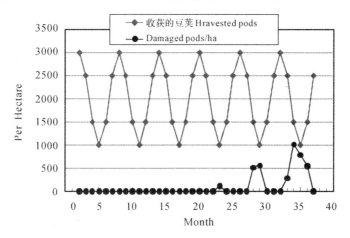

图 9-10　可可豆荚收获量与为害量(改变防治效果)

Fecundity 45 vs 50,运行结果如图 9-11 所示。

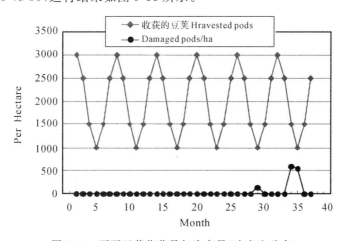

图 9-11　可可豆荚收获量与为害量(改变生殖力)

Larval survival 0.38 vs 0.40,运行结果如图 9-12 所示。

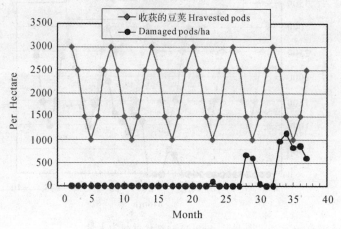

图 9-12　可可豆荚收获量与为害量(改变幼虫存活率)

Egg survival 0.09 vs 0.10,运行结果如图 9-13 所示。

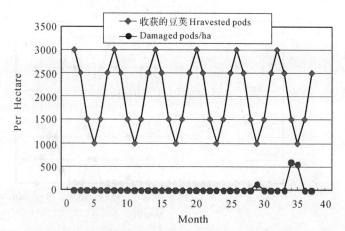

图 9-13　可可豆荚收获量与为害量(改变卵存活率)

Pod Max_Min ratio＝4 vs 3,运行结果如图 9-14 所示。

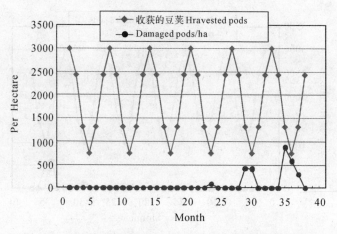

图 9-14　可可豆荚收获量与为害量(改变每公顷最高豆荚)

四、实验注意事项

每个 cell 必须严格按要求输入相应的符号。

五、作　　业

1. 独立完成可可荚螟种群动态模型的编制。

2. 独立完成采用自己编制的可可荚螟种群动态模型分析种群参数改变对种群动态的影响。

六、参考文献

[1] Cheng J A and Holt J D. A systems analysis approach to brown planthopper control on rice in Zhejiang Province, China. Ⅰ. Simulation of outbreaks. J Appl Ecol, 1990, 27: 85-99.

[2] Holt J, Cook A C, Perfect T J, Norton G A. Simulation analysis of brown planthopper *Nilaparvata lugens* (Stål) dynamics on rice in the Philippines. J Appl Ecol, 1987, 24 (1): 87-102.

[3] Norton G A, Mumford J D. Decision Tools for Pest Management. Wallingford, United Kingdom, CAB International, 1993.

[4] Mumford J D, Ho S H. Control of the cocoa borer (*Conopomorpha cramerella*). Cocoa Growers' Bulletin, 1988, 40: 19-29.

[5] 祝增荣, 程家安, 黄次伟, 等. 白背飞虱种群动态的模拟研究. 生态学报, 1994, 14(2): 188—195.

[6] 句荣辉, 沈佐锐. 昆虫种群动态模拟模型. 生态学报, 2005, 25(10): 2709—2715.

（祝增荣　张敏菁）

实验 10　GPS 的原理和应用

一、GPS 测量原理

(一)GPS 简介

GPS,即"全球定位系统"(Global Positioning System)的英文缩写。狭义上的 GPS 意指美国导航卫星授时与测距/全球定位系统(NAVSTAR/GPS,Navigation Satellite Timing and Ranging/Global Positioning System),起源于美军 1958 年设立的"子午卫星导航定位系统"项目(郑加柱等,2014)。广义上的 GPS,不仅包括美国全球定位系统,还包括俄罗斯"格洛纳斯"全球卫星导航系统(GLONASS,Global Navigation Satellite System)、欧盟"伽利略"卫星定位系统(GALILEO, Galileo Satellite Navigation System)和中国北斗卫星导航系统(BDS, BeiDou Navigation Satellite System)。GPS 具有导航定位、空间测量和授时三大功能,植物保护理论研究与应用实践中常常会用到 GPS 的定位和测量两项功能。

(二)GPS 组成

GPS 通常由空间部分、地面控制系统和用户设备三部分组成。

空间部分一般由工作卫星和备用卫星组成,其中工作卫星由 21~27 颗组成,备用卫星不少于 3 颗。工作卫星和备用卫星均匀地分布在距离地面 2 万千米以上倾角为 55°~65°近圆形轨道平面上,使得在全球任何地方、任何时间都可观测到 4 颗以上的卫星,并能在卫星中预存导航信息。地面控制系统由系统控制中心、中央同步器、遥测遥控站(含激光跟踪站)和外场导航控制设备组成,主要负责收集由卫星传回的信息,计算卫星星历、相对距离、大气校正等参数。用户设备部分即 GPS 信号接收机,主要功能是捕获卫星信号,计算用户所在地理位置的经纬度、高度、速度、时间等信息。三者分布如图 10-1 所示(Oszczak, 2013)。

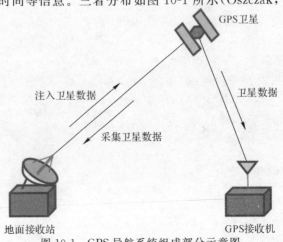

图 10-1　GPS 导航系统组成部分示意图

(三)GPS 精度

美国 GPS 定位系统的民用单机导航精度约为 10m,军用导航精度可达厘米级和毫米级。俄罗斯"格洛纳斯"系统民用导航精度为 10m,欧盟"伽利略"系统提供开放服务的单机水平误差<15m、垂直误差<35m。中国北斗卫星导航系统水平精度为 100m,经标校站处理后的精度可达 20m。

(四)GPS 工作原理

GPS 导航系统的基本原理是测量出用户接收机捕获的已知位置卫星到用户接收机之间的距离,然后综合多颗卫星数据计算出接收机的具体位置。接收机捕获卫星的位置可以根据星载时钟所记录的时间在卫星星历中查出,而用户到卫星的距离则通过记录卫星信号传播到用户所经历的时间,再将其乘以光速得到。计算出的距离由于受大气层电离层的干扰,并不是用户与卫星之间的真实距离,而是伪距(吴浩等,2014)。

当 GPS 卫星正常工作时,不间断地用 1 和 0 二进制码组成的伪随机码(简称伪码)发射导航电文。GPS 系统使用的伪码一共有两种,分别是民用的 C/A 码和军用的 P(Y)码。C/A 码频率 1.023MHz,重复周期 1 毫秒,码间距 1 微秒,相当于 300m;P 码频率 10.23MHz,重复周期 266.4 天,码间距 0.1 微秒,相当于 30m。而 Y 码是在 P 码的基础上形成的,保密性能更佳。导航电文包括卫星星历、工作状况、时钟改正、电离层时延修正、大气折射修正等信息,它是从卫星信号中解调制出来,以 50b/s 调制在载频上发射的。当用户接收到导航电文时,提取出卫星时间并将其与自己的时钟做对比便可得知卫星与用户的距离,再利用导航电文中的卫星星历数据推算出卫星发射电文时所处位置,用户在 WGS-84 大地坐标系中的位置、速度等信息便可得知,从而实现导航、定位和测量等目的(Oszczak,2013)。

二、实验目的

强化和加深 GPS 定位技术的理论知识,了解 GPS 数据文件的创建,熟悉点、线和面状地物的测量,熟练掌握 GPS 接收机的使用。

三、GPS 数据采集流程

目前,市场上销售的民用手持式 GPS 接收机有佳明(Garmin)、天宝(Trimble)和麦哲伦(Magellan)等多个品牌,本实验指导书中使用的 GPS 接收机型号为 Trimble Juno SB,水平定位精度为 2~5m,以下实验步骤均以此型号操作界面为例(详细信息可参考 Trimble Juno SB GPS 中文手册)。

(一)启动软件

在开始菜单中点击 TerraSync(图 10-2)。

打开后等待连接 GPS 接收机,直到出现卫星图标后再进行操作(图 10-3)。

注意:若一直没有卫星图标 🛰0 出现,则在 🔧 设置 ▼ 区域中点击选项,进行 GPS 接收机的连接,具体操作如图 10-4 所示。

(二)系统设置

系统设置主要是指实时设置,目的就是为了实时地获得差分卫星所发出的实时改正数据,以得到更高的精度。操作方法如图 10-5 所示。

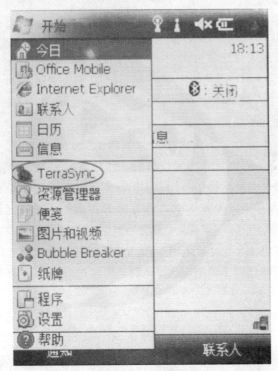

图 10-2　启动软件

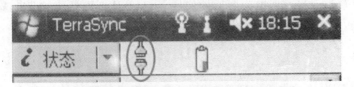

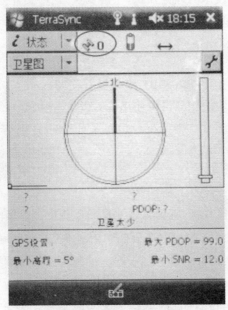

图 10-3　等待卫星出现

图 10-4　进行 GPS 接收机的连接

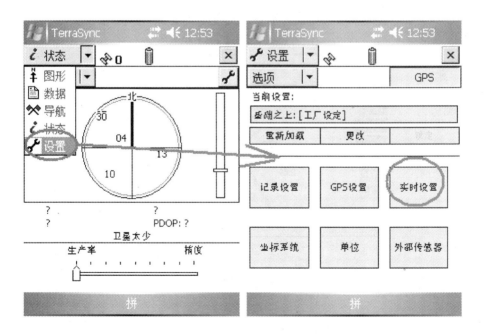

（A）

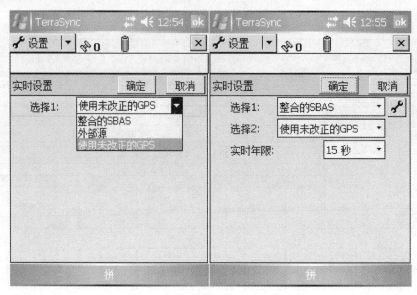

（B）

图 10-5　系统设置

单击"确定"即可看到在卫星图标的旁边出现 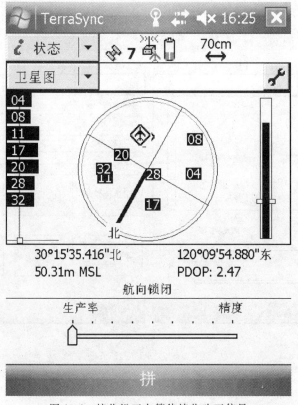 图标,此图标会不断闪动,表示接收机正在等待接收改正信号(图 10-6)。

图 10-6　接收机正在等待接收改正信号

(三)数据采集

1.新建文件

在数据区域中点击子区中的"新建"(图 10-7)。

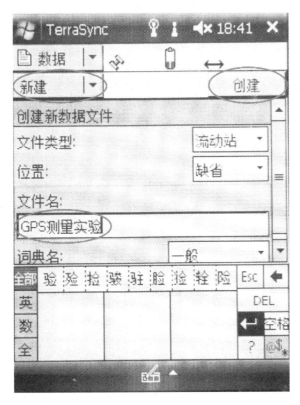

图 10-7　新建文件

(1)文件名:在此输入数据文件名称,如"GPS 测量实验",点击"创建",提示输入天线高度,默认值为 1.500m(图 10-8)。

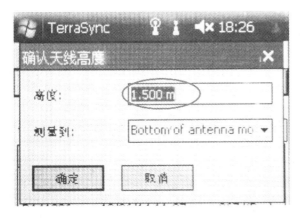

图 10-8　输入天线高度

(2)记录间隔设置:点击数据区域子区"选项"下的"记录间隔",根据需要选择或输入记录间隔(图 10-9)。注:记录间隔以秒为单位。

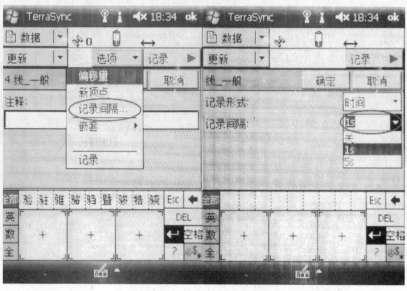

图 10-9　记录间隔设置

2. 创建和显示点要素

选择数据区域中点击子区"采集"下的"点_一般",点击"创建",在"注释:"内输入测定的点状目标物名称,如"1号测报灯",待屏幕右上角出现非零数字后,点击"确定",完成点要素的创建和记录(图 10-10)。

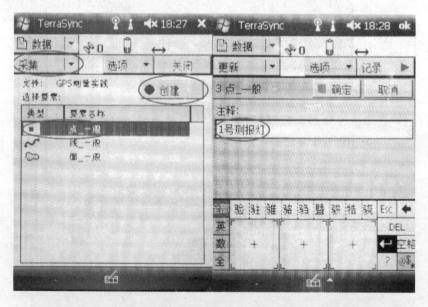

图 10-10　创建和显示点要素

选择图形区域,在屏幕中点击所采集的点状要素,显示该地物的经度、纬度和高程信息(图 10-11)。

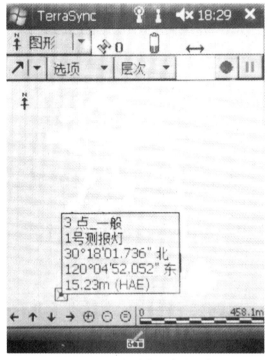

图 10-11　选择采集的点状要素

3. 创建和查看线状要素

选择数据区域中点击子区"采集"下的"线_一般",点击"创建",在"注释:"内输入测定的线状目标物名称,如"农生组团 C 座—综合图书馆",确定线状目标的一端作为数据记录的起始点,到达终点后点击"确定",完成线状要素的创建和记录(图 10-12)。

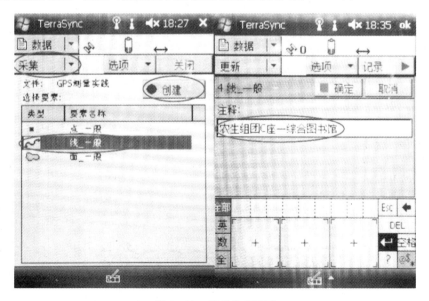

图 10-12　创建线状要素

选择数据区域中的子区"更新",在屏幕显示的诸多要素中点击所采集的线状要素,屏幕下方显示线状目标物的长度,2D 为水平距离,3D 为包含高程差的斜距(图 10-13)。

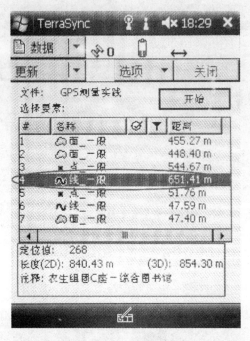

图 10-13　查看线状要素

选择图形区域,在屏幕中显示所测线状要素的形状,若要显示线状地物的局部形状,可点击窗口下方的放大按钮⊕;若要了解线状地物任一点的地理信息,点击该点即可显示该地物的经度、纬度和高程信息(图 10-14)。

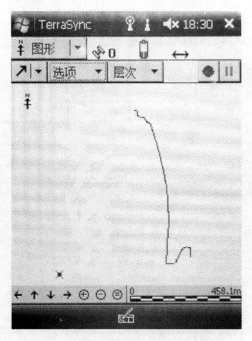

图 10-14　显示所测线状要素的形状

4. 创建和查看面状要素

选择数据区域中点击子区"采集"下的"面_一般",点击"创建",在"注释:"内输入测定的面状目标物名称,如"浙大启真湖"。从面状目标的任意点开始记录数据,围绕面状地物一周,点击"确定",完成面状要素的创建和记录(图 10-15)。

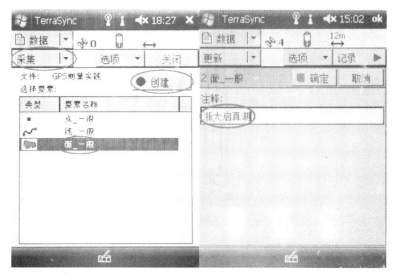

图 10-15　创建面状要素

选择数据区域中的子区"更新",在屏幕显示的诸多要素中点击所采集的面状要素,屏幕下方显示面状目标物的周长(2D)和面积(图 10-16)。

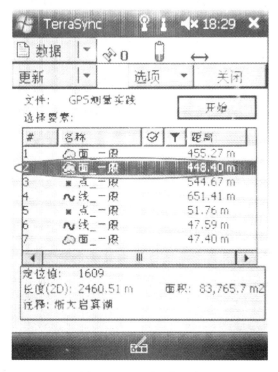

图 10-16　查看面状要素

选择图形区域,在屏幕中显示所测面状要素的形状,若要显示面状地物的局部细节,可点击窗口下方的放大按钮⊕;若要知道面状地物任一点的地理信息,点击该点即可显示该地物的经度、纬度和高程信息(图10-17)。

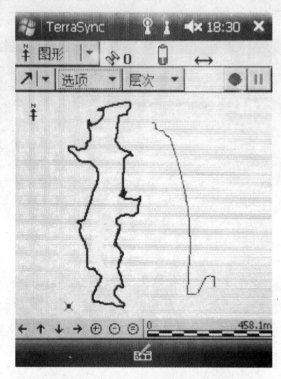

图10-17　显示所测面状要素的形状

四、作　业

分组分别测量你所在的实验楼、实验农场、校园一部分的周长和面积。在浙江大学紫金港校区的同学测量农生环组团大楼A、B、C、D、E及生科院和纳米楼等周长和面积。

五、思考题

GPS在植物保护研究和应用中有哪些用途?

六、参考文献

[1] Oszczak B. "New Algorithm for GNSS Positioning Using System of Linear Equations", Proceedings of the 26th International Technical Meeting of the Satellite Division of the Institute of Navigation (ION GNSS+ 2013), Nashville, TN, Sep. 2013:3560-3563.

[2] 郑加柱,王永弟,石杏喜,等.GPS测量原理及应用.北京:科学出版社,2014:1—14.

[3] 吴浩,杨剑,黎华.GPS原理及工程安全监测应用.武汉:武汉理工大学出版社,2014:11—35.

[4] Trimble Juno SB GPS 中文手册.北京星瑞通航科技有限公司.第1~80页. http://www.navearth.com/

(刘占宇)

实验 11　网络植物保护信息 与网络 IPM 教材获取

一、背　景

随着信息技术的发展,专业教学内容和信息技术的整合将带来课程内容的革新。网络资源的丰富性和共享性冲击了传统课程资源观,课程资源的物化载体不再是简单的印刷制品(教材、专著、论文、其他参考资料等),而且也包括网络资源以及音像制品等。学习者从传统的接受式学习将转变为主动学习、探究学习和研究性学习。

植物保护网络教材就是通过网络展现的与植物保护学有关的教学内容及教学活动的总和,是信息时代教材的全新表现形式。它包括按照教学目标和方法组织起来的教学内容和实施平台。植物保护网络教材具有自主性、共享性、交互性等基本特征。

植物保护网络教材有多种展现方式:网络教科书、中国国家精品课程、大型开放式网络课程(massive open online courses,MOOC,慕课)和小规模限制性在线课程(small private online course,SPOC)等。

二、实验目的

1.掌握常用检索工具的使用方法,能根据需要选择恰当的检索工具获取信息。掌握“关键词检索”等检索技巧,能快速、准确地获取信息。利用搜索引擎,搜索 IPM 相关资料,学习 ipm world text book 网站内容。

2.能通过归纳与分析,总结出不同网络检索工具的特点,并针对某一主题展开搜索,能够找到大部分有效信息。

三、实验步骤

1.打开搜索网页,搜索“ipm world text book”,如图 11-1 所示。

图 11-1　搜索 IPM WORLD TEXT BOOK

2. 点击 Radcliffe's IPM World Textbook | CFANS | University of ...
得到如图 11-2 所示网页。

图 11-2　IPM WORLD TEXT BOOK 网站界面

Contributing Authors and Chapter Titles

We posted our first chapter January 9，1996. Seventy chapters have been posted as of June 6，2006. We welcome contributed chapters on all aspects of IPM，see *Instructions for Contributors*.

Biological Control：Theory and Application

1. Cruz，Carlos and Alejandro Segarra，University of Puerto Rico，Mayaguez，*Potential for Biological Control of Crop Pests in the Caribbean*.

2. Landis，Douglas A.，Michigan State University，and David B. Orr，North Carolina State University，*Biological Control：Approaches and Application*.

3. Obrycki，John J.，Iowa State University，Maurice J. and Catherine A. Tauber，

Cornell University and John R. Ruberson, University of Georgia, Tifton, *Prey Specialization in Insect Predators*.

4. Overholt, William. A. , A. J. Ngi-Song, C. O. Omwega, S. W. Kimani-Njogu, J. Mbapila, M. N. Sallam and V. Ofomata, . International Centre of Insect Physiology and Ecology (ICIPE), Nairobi, Kenya, *An Ecological Approach to Biological Control of Gramineous Stemborers in Africa: The Introduction and Establishment of Cotesia flavipes Cameron (Hymenoptera: Braconidae)*.

5. Pinto, John D. , University of California, Riverside, *Systematics and Biological Characteristics*.

Control Tactics (Methodologies)

6. Arneson, Phil A. , Cornell University, Ithaca, NY 14853 *The Sterile Insect Release Method—A Simulation Exercise*.

7. Bartlett, Alan C. , USDA, Western Cotton Insect Laboratory and Robert T. Staten, USDA APHIS PPQP, Phoenix, *Sterile Insect Release Method and other Genetic Control Strategies*.

8. Ferro, David N. , University of Massachusetts, *Cultural Control*.

9. Flint, Hollis M. and Charles C. Doane, Western Cotton Research Laboratory, *Pheromones and Other Semiochemicals*.

10. Geoffrey W. Zehnder, Changbin Yao, John F. Murphy, Edward J. Sikora and Joseph W. Kloepper, Auburn University, David J. Schuster and Jane E. Polston, University of Florida, Gulf Coast Research and Education Center, Bradenton, *Microbe-induced Resistance: A Novel Strategy for Control of Insect-transmitted Diseases in Vegetables*.

Computer Applications

11. Bajwa, Waheed I. and Marcos Kogan, Integrated Plant Protection Center (IPPC), Oregon State University, Corvallis, OR 97331, *Internet-based' IPM Informatics and Decision Support*.

12. MacRae, Ian V. , University of Minnesota, Colorado State University, *Site Specific IPM*.

Crop and Commodity Pest Management

13. Arora, Ramesh, Vikas Jindal, Pankaj Rathore, Raman Kumar, Vikram Singh and Lajpat Bajaj, Punjab Agricultural University Regional Station, Faridkot-151 203, India, *Integrated Pest Management of Cotton in Punjab, India*.

14. Charlet, Laurence D. , USDA ARS Northern Crop Science Laboratory and Gary J. Brewer, North Dakota State University, *Sunflower Insect Pest Management in North America*.

15. Chippendale, G. Michael, University of Missouri, and Clyde E. Sorenson, North

Carolina State University, *Biology and Management of Southwestern Corn Borer*.

16. Dinelli, D. North Shore Country Club, Glenview, Illinois, *IPM Leading to Holistic Plant Health Care For Turfgrass: A Practionner's Perspective*.

17. DiFonzo Christina, Michigan State University, and David W. Ragsdale and Edward B. Radcliffe, University of Minnesota, *Integrated Management of PLRV and PVY in Seed Potato, with Emphasis on the Red River Valley of Minnesota and North Dakota*.

18. Flanders, Kathy L., Auburn University, and Edward B. Radcliffe, University of Minnesota, *Alfalfa IPM*.

19. Hammond, Ronald B., OARDC, Ohio State University, *Soybean Insect IPM*.

Harris, Marvin K. and John A. Jackman, Texas A&M University, *Pecan Arthropod Management*.

20. Heinrichs, E. A. "Short", University of Nebraska, Lincoln, and International Rice Research Institute (retired), University of Nebraska, *Management of Rice Insect Pests*.

21. Heinrichs, E. A. "Short" and J. E. Foster, University of Nebraska, Lincoln, and Marlin E. Rice, Iowa State University, *Maize Insect Pests in North America*.

22. Hutchins, Scott H., Dow AgroSciences, *The Role of Technology in Sustainable Agriculture*.

23. Johnson, David E., University of Greenwich, Chatham, Kent, UK, *Weed Management in Small Holder Rice Production in the Tropics*.

24. Lockley, Timothy C., Imported Fire Ant Station, USDA-ARS, *Imported Fire Ant IPM*.

25. Kerns, David L., University of Arizona, Yuma Valley Agricultural Center, *Lettuce IPM*.

26. Meagher, Jr., Robert J., USDA/ARS, Insect Attractants, Behavior and Basic Biology Laboratory, Gainesville, Florida, *Sugar Cane IPM*.

27. McCullough, Deborah G. and Melvin R. Koelling, Michigan State University, *Integrated Pest Management for Christmas Tree Production*.

28. Palumbo, John C., University of Arizona, Yuma Valley Agricultural Center, *Melon IPM*.

29. Ragsdale, David W. and Edward B. Radcliffe, Department of Entomology, University of Minnesota, St. Paul, MN, *Colorado Potato Beetle Management*.

30. Radcliffe, Edward B. and David W. Ragsdale, University of Minnesota, and AbdelazizLagnaoui, World Bank, Washington, DC, *Fungicides Impact Aphid Control*.

31. Ragsdale, David W., Erin W. Hodgson, Brian P. McCornack, Karrie A. Koch, Robert C. Venette, and Bruce D. Potter, University of Minnesota, University of Minnesota, United States Forest Service, St. Paul, Minnesota, University of Minnesota, Southwest Research & Outreach Center, Lamberton, Minnesota, *Soybean Aphid and the Challenge of Integrating Recommendations within an IPM System*.

32. Rahman, M. M., Department of Entomology, Bangabandhu Sheikh Mujibur

Rahman Agricultural University, Gazipur, Bangladesh, *Vegetable IPM in Bangladesh*.

33. Rao, Sujaya, Oregon State University, Corvallis, and Stephen C. Welter, University of California, Berkeley, *Strawberry Insect Pest Management*.

34. Sharma, O. P., R. C. Lavekar, K. S. Murthy and S. N. Puri, NCIPM, New Delhi, India, *Habitat Diversity and Predatory Insects in Cotton IPM: Case Study of Maharasthra Cotton Eco-System*.

35. Straub, Richard W. and Charles J. Eckenrode., Cornell University, New York State Agricultural Experiment Station, Highland and Geneva, respectively, *Onion Arthropod Pest Management*.

36. Suranyi, Robert A., Edward B. Radcliffe, David W. Ragsdale, Ian V. MacRae, Department of Entomology & Benham E. L. Lockhart, Department of Plant Pathology, University of Minnesota, St. Paul, MN, *Aphid Alert: A research/outreach initiative addressing potato virus problems in the northern Midwest*.

37. James H. Tsai, University of Florida, Ft. Lauderdale, *Citrus Greening and its Psyllid Vector*.

38. Tsai, James H., University of Florida, Ft. Lauderdale, and Bryce W. Falk, University of California, Davis, *Insect Vectors and Their Pathogens of Maize in the Tropics*.

39. Tsai, James H., Richard F. Lee, Fort Lauderdale Research and Education Center;: Ying-Hong Liu, Citrus Research and Education Center; and C. L. Niblett, Department of Plant Pathology, University of Florida, *Biology and Control of Brown Citrus Aphid (Toxoptera citricida Kirkaldy) and Citrus Tristeza*.

40. Venette, Rob C., William D. Hutchison, Eric C. Burkness, and Patrick, K. O'Rourke, Department of Entomology, University of Minnesota, St. Paul, *Alfalfa Blotch Leafminer: Research Update*.

41. Weiss, Michael J., Department of Entomology & Plant Pathology, Auburn University, Auburn, AL and Denise Olson, Janet J. Knodel, Department of Entomology North Dakota State University, Fargo, ND *Insect Pests of Canola*.

Ecology and Population Sampling

42. Byrne, David N., Rufus Isaacs, and Klaas H. Veenstra. University of Arizona, *Local Dispersal and Migration by Insect Pests and Their Importance in IPM Strategies*.

Higley, Leon G., University of Nebraska-Lincoln and Robert K. D. Peterson DowElanco and University of Nebraska-Lincoln, *Environmental Risk and Pest Management*.

43. Pedigo, Larry P., Iowa State University, *Economic Thresholds and Economic Injury Levels*.

44. Radcliffe, Edward B., University of Minnesota, *Introduction to Population Ecology*.

Host Plant Resistance

45. Eigenbrode, Sanford D., University of Idaho, *Host Plant Resistance and*

Conservation of Genetic Diversity.

46. Ratcliffe, Roger H. , USDA, ARS Crop Protection and Pest Control Research Unit West Lafayette, IN, *Breeding for Hessian Fly Resistance in Wheat.*

47. Teetes, George L. , Texas A&M University, *Plant Resistance to Insects: A Fundamental Component of IPM.*

IPM: Policy and Implementation

48. Gerrit, Cuperus, Richard Berberet, and Phillip Kenkel. , Oklahoma State University, Stillwater, OK, *The Future of Integrated Pest Management.*

49. Dorschner, Keith W. , IR-4 Project, Rutgers University, *The Interregional Research Project No. 4 (IR-4) and IPM.*

50. Hutchins, Scott H. , DowElanco, Indianapolis, IN, *IPM: Opportunities and Challenges for the Private Sector.*

51. Jacobsen, Barry J. , USDA, CSRS&ES, Washington, DC. *USDA Integrated Pest Management Initiative.*

52. Jones, Margaret J. , Blue Earth Agronomics, Lake Crystal, Minnesota, *Role of the Private Consultant in Implementation of IPM.*

53. Krishna, Vijesh V. , N. G. Byju and S. Tamizheniyan, University of Agricultural Sciences, Bangalore, India, *Integrated Pest Management in Indian Agriculture: a Developing Economy Perspective.*

54. Ruttan Vernon W. , University of Minnesota, St. Paul, MN, *The Transition to Agricultural Sustainability.*

55. Showler, Allan B. , Kika de la Garza Subtropical Agricultural Research Center, USDA-ARS, Weslaco, TX, formerly withAfrican Emergency Locust/Grasshopper Office, African Bureau, USAID, *The Desert Locust in Africa and Western Asia: Complexities of War, Politics, Perilous Terrain, and Development.*

56. Zalom, Frank G. , University of California, Davis, *The California Statewide IPM Initiative.*

Pesticides: Chemistries/Pesticide Resistance

57. Bloomquist, Jeffery R. , Virginia Polytechnic Institute and State University, *Insecticides: Chemistries and Characteristics.*

58. DiFonzo, C. D. , Michigan State University, *Food Quality Protection Act.*

Feldman Riebe, Jennifer, NatureMark Potatoes, *Pre-Market Development of Strategies to Prevent Colorado Potato Beetle Resistance to NewLeaf Potatoes: An Industry First.*

59. Thompson, G. D. , S. H. Hutchins and T. C. Sparks, Dow AgroSciences LLC, *Development of Spinosad and Attributes of A New Class of Insect Control Products.*

60. Larson, Larry L. , Dow AgroSciences, *Novel Organic and Natural Product Insect Management Tools.*

61. Pimentel，D.，Cornell University，T W. Culliney，Hawaii Department of Agriculture and T. Bashore，Cornell University. *Public Health Risks Associated with Pesticides and Natural Toxins in Foods*.

62. ilva-Aguayo, G. Universidad de Concepción, ChillánChile,*Botanical Insecticides*.

63. Ware，George G.，University of Arizona（retired）and David M. Whitacre，Novartis（retired），Syngenta Crop Protection,*Introduction to Insecticides*（4th edition）.

64. Whitacre，David M. Syngenta（Novartis，retired）and Ware，George G.，University of Arizona（retired），*Introduction to Herbicides*.

65. Willson，Harold B.，Ohio State University，*Pesticide Regulations*.

Medical and Veterinary

66. Curtis，Christopher F.，London School of Hygiene and Tropical Medicine，*Malaria Control in Africa and Asia*.

67. Lysyk，Timothy J.，Agriculture and Agri-Food Canada，Lethbridge，*Livestock IPM*.

Urban and Stored Product

68. Krischik，Vera，formerly with USDA FGIS and Institute of Ecosystem Studies，now University of Minnesota，and Wendell Burkholder，USDA ARS and University of Wisconsin，*Stored-product Insects and Biological Control Agents*.

内容涵盖了 IPM 的各个领域、对象,不愧为一部世界教科书。

3.点击若干章节,概阅章节内容。

四、作   业

1.根据学号,每人对应阅读 IPM 世界教科书的一个章节,并翻译其中的五个段落。

2.上网查询、发掘各种新的植物保护网络资源、IPM 教材,每人整理出一个专题,如粮食作物(水稻、玉米、小麦、大麦、甘薯、水稻、燕麦、黑麦、谷子、高粱和青稞)、油料作物(油菜、橄榄油、向日葵、芝麻、花生、大豆、油菜籽等)、糖料(甜菜、甘蔗等)、蔬菜(十字花科、葫芦科、茄科、禾本科、百合科、天南星科、藜科、苋科、睡莲科、豆科、伞形科、菊科、锦葵科等)等农作物保护、IPM 的相应教材、专著、网站站名链接。助教、班长、课代表根据同学们"自选但不重复"的原则,分好工,做到每人一个专题。

五、思考题

1.通过归纳与分析,总结不同网络检索工具(谷歌学术、百度学习、webofscience. com 等)的特点。

2.搜索中关键词使用注意事项。

六、参考文献

[1] Radcliffe's IPM 世界教科书:http://ipmworld. umn. edu/

(祝增荣   张敏菁)

实验 12　植物保护技术专题视频制作

一、背　景

　　农业科技信息传播是农业技术推广的重要环节之一。数码技术的普及对农业科技传播工作也提出了新的要求。与图片、文字等形式相比，视频能够通过镜头的转换和技术处理对不同时空的宏观或微观事物进行整合，使抽象的概念与具体的形象有机结合起来，实现将农业信息生动、直观地传递给公众。在农技推广工作中，从业人员也时常需要实时拍摄照片、录像来记录当地的实际情况。这些资料经简单的编辑加工被制作成技术光盘保存，将成为指导和推广农技工作珍贵的史料。可见，无论在农技推广，还是在课堂教学中，视频作为传播媒介，其作用均日益凸显，掌握简单的视频拍摄、编辑技术也应成为植物保护专业学生必备的技能之一。

　　在计算机中对各种原始素材进行编辑操作，并将最终结果输出到计算机硬盘、磁带、光盘等记录设备上，这一系列完整的工艺过程被称为非线性编辑。不同于以编辑机为载体的线性编辑，在非线性编辑过程中，镜头的顺序可以任意调整，素材使用方便、操作性强，大大提高了编辑制作的效率。目前，市场上流行的非编软件很多，常用的有专业级的 AvidMC、Apple Final Cut Pro、SonyVegas，PC 和 MAC 平台上应用最为广泛的 Adobe Premiere，一般教学、娱乐方面亲和力较强的 Media Studio Pro，以及针对家庭娱乐、个人纪录片制作之用的简便型编辑软件 CorelVideo Studio 等等。

　　CorelVideo Studio（会声会影）是由 Corel 公司推出的一款操作简便的视频编辑软件，能够完成视频片段从导入计算机到输出的整个过程。它可以快速加载、组织和剪裁标清或高清视频，通过模板快速制作媲美专业级的视频效果，并配以音乐、标题等元素为视频增添创意，是非专业初学者的理想选择。

二、实验目的

　　掌握用于植物保护技术传播的视频作品制作技巧；制作《生态工程治理有害生物》视频作品。

三、实验步骤

　　在会声会影中制作影片包括捕获、编辑以及分享三大步骤。

　　1. 捕获

　　将制作影片所需的视频、照片、音频等素材捕获和导入到计算机中。

　　2. 编辑

　　会声会影的核心面板，可以整理、编辑、修正视频素材，并添加转场特效等其他视觉效果。

3.分享

将编辑完成的影片导出为视频文件,或输出至光盘上。

本实验以浙江大学昆虫科学研究所祝增荣教授与中央电视台第 7 频道(CCTV-7)合作完成的《阻截外来入侵生物稻水象甲》的制作为例,逐步完成上述三大步骤。该视频可以在 http://blog. sina. com. cn/s/blog _45bde8370101429b. html 或 http://sannong. cntv. cn/program/kejiyuan/20101102/102281. shtml 下载,也可以扫描右边二维码。

《阻截外来入侵生物稻水象甲》
视频二维码

(一)素材导入

启动会声会影 Video Studio Pro X5,软件即自动打开一个新的项目供用户开始制作影片(图 12-1)。该软件可以在 http://rj. baidu. com/soft/detail/15648. html? ald 下载,也可以扫描右边二维码。

会声会影 Video Studio Pro X5
下载地址二维码

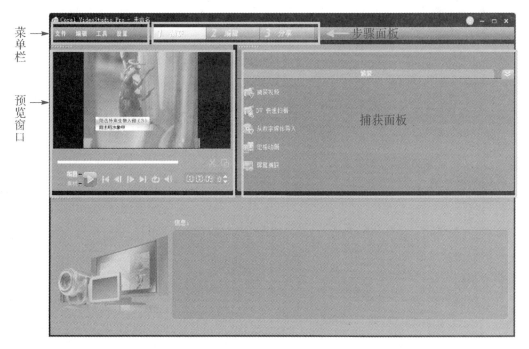

图 12-1 会声会影 X5 全功能编辑界面

1."捕获"面板导入

　　在"捕获"面板将移动设备上的视频素材导入计算机。以从光盘导入为例:单击"从数字媒体导入",在"选取'导入源文件夹'"对话框勾选目标文件夹,单击"确定"按钮。在"从数字媒体导入"对话框选择要导入的文件夹,单击"起始"按钮,在显示出的所有可选素材中勾选需导入的视频,并选择文件保存位置(图12-2)。单击"开始"导入按钮,开始获取视频(图12-3)。导入结束后将弹出"导入设置"窗口(图12-4),选择是否将素材导入素材库或时间轴(如果有多个视频,建议不要插入时间轴),单击"确定",完成导入。

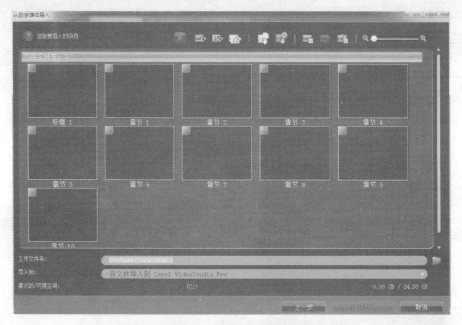

图12-2　从数字媒体导入

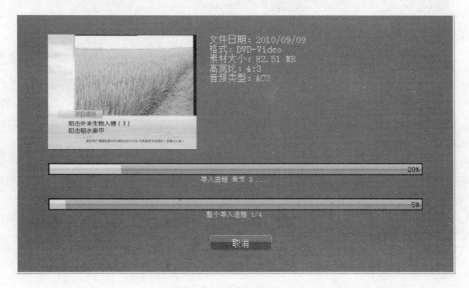

图12-3　素材导入过程中

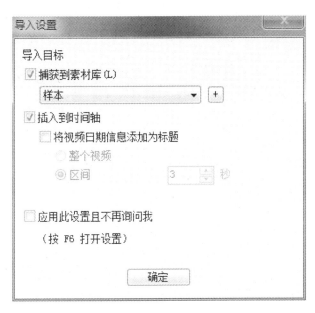

图 12-4　"导入设置"对话框

2.媒体素材库快捷导入

　　如果所需素材已经存储在电脑上,则在"编辑"面板选择"媒体素材库",单击 图标导入媒体文件(图 12-5),在弹出的"浏览媒体文件"对话框中选择需要的素材,单击"打开"即可(图 12-6)。

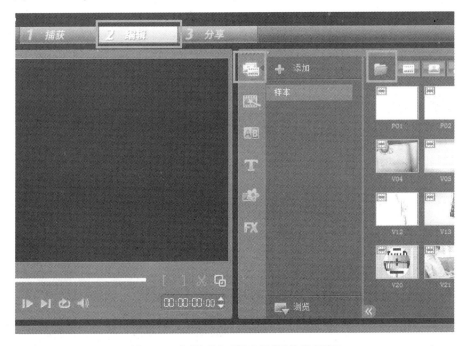

图 12-5　在"编辑"面板选择"媒体素材库"

图 12-6　"浏览媒体文件"对话框

(二)视频剪辑

1. 视图模式

在会声会影中有两种视图模式——故事板模式和时间轴模式。单击　切换至时间轴模式，该模式下视频、覆叠、标题、声音、音乐分别在不同的轨道，可单独编辑，互不影响(图 12-7)。

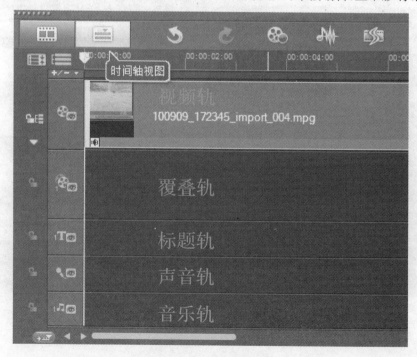

图 12-7　时间轴视图

2. 视频素材剪辑

制作完整的视频首先要从多个视频素材中截取需要的片段,并且拼接到一起。

单击素材库(图 12-8)中的视频文件,按住鼠标不放,拖曳至视频轨,然后在视图窗口进行编辑。

图 12-8　素材库

将鼠标移至时间轴上方的滑块上,鼠标呈双向箭头状,单击修整栏中的"开始标记"(F3)按钮标记开始点,时间轴上方会出现一条橙色线;用鼠标点击时间轴上方滑块拖至适当位置,单击修整栏中的"结束标记"(F4)按钮,用橙色线标记的即为标记的视频片段,可在预览窗口选择"项目"选项,预览被选片段。将滑块拖至标记起点,单击分割素材(快捷键Ctrl＋I),即可将一个视频分割为两个,再将滑块拖至标记终点,单击分割素材,删除头尾两个片段,保留中间标记的片段,即完成对第一个素材的截取(图 12-9、图 12-10),然后将剩余的素材逐一拖入视频轨,用相同的方法完成剪辑。

图 12-9　分割素材(一)

图 12-10　分割素材(二)

3.图片素材剪辑

插入图片与插入视频的方法类似,将素材库的图片文件拖至视频轨,当鼠标移动至视频轨上图片方框两侧时呈横向双箭头状,此时拖曳边框即可调整图片出现和结束的时间(图12-11)。在预览窗口中选择"项目",点击播放可预览视频轨剪辑的效果。

图 12-11　插入图片

(三)添加配音

1.分割音频

由于视频是由多个素材剪辑拼接而成,而视频素材原本自带的声音是我们不需要的,因此需要通过"分割音频"去除视频原本的声音。

在视频轨上点击右键,然后选择"分割音频"把声音分离到声音轨道,截取所需片段或整个删除。

2.导入配音

在实验指导的第一部分中,我们已将音频素材导入素材库,因此只需将配乐和旁白的音频文件分别拖曳至音乐轨和声音轨即可。

如果素材未事先导入素材库,那么在轨道编辑区点击右键,选择插入音频,再选择目标文件。

3.声音选项

在音乐/声音轨点击右键,选择"打开选项面板"(图12-12),可在该面板调整音乐播放的时间、速度、音量等(图12-13)。

图 12-12　声音选项面板(一)

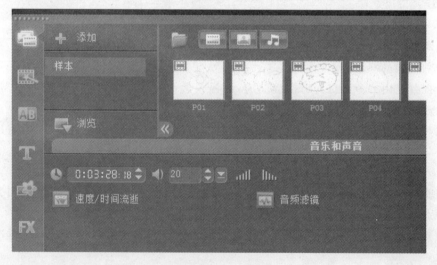

图 12-13　声音选项面板(二)

(四)添加字幕

1. 会声会影中每一页的字幕需单独输入,为了方便起见,可以先在文本文件中编辑好字幕内容,每个断句作为一行,如图 12-14 所示。

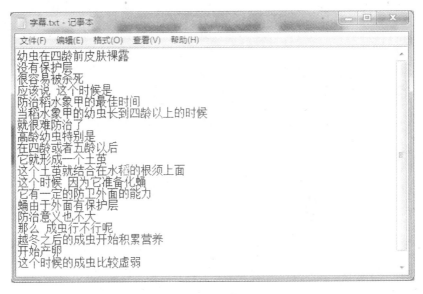

图 12-14　字幕文本

2. 在预览窗口(图 12-15)播放视频,在每句话的起始位置暂停,将鼠标移至视频轨上方相应时间点,单击左键,标记章节点(图 12-16)。

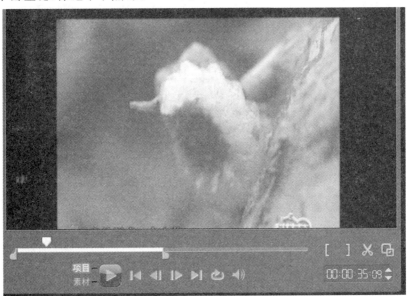

图 12-15　预览窗口

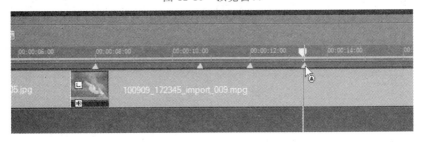

图 12-16　视频轨标记章节点

3. 双击文字编辑框输入文字(图 12-17、图 12-18),在编辑窗口设置字体、字号、边框、阴影、透明度等格式(图 12-19、图 12-20)。字幕效果见图 12-21 所示。

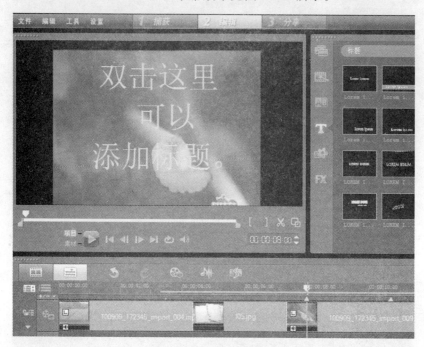

图 12-17　文字编辑框

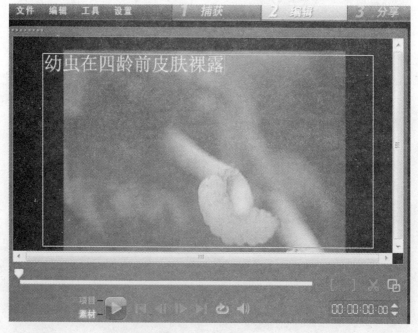

图 12-18　输入文字

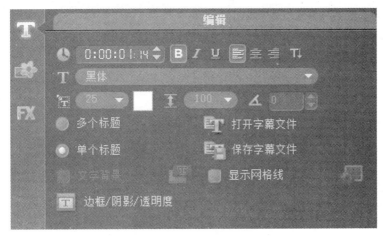

图 12-19　设置字幕格式

图 12-20　设置边框、阴影、透明度

图 12-21　字幕效果

4.鼠标移至标题轨上文本框右侧,呈横向双箭头状,拖曳边框至该句结束的标记时间(图 12-22)。然后,在自动生成的下一文本框内编辑下一句话,直至字幕全部录入完毕。

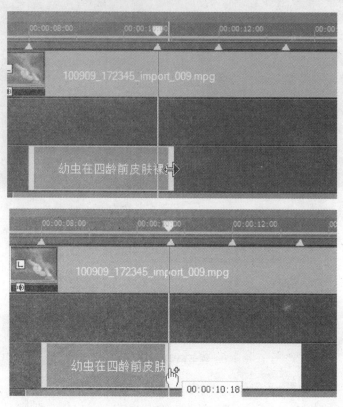

图 12-22　设置字幕时间

5.在预览窗口选择项目,预览制作好的整个视频(图 12-23)。

图 12-23　视频预览

(五)视频导出

在"分享"步骤(图 12-24)单击创建视频文件(图 12-25),选择文件形式,选择保存路径和文件名,单击"保存",待文件渲染完成即可。

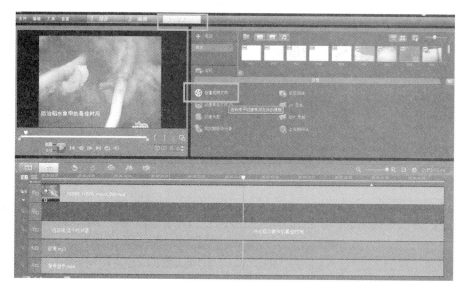

图 12-26 "分享"步骤

图 12-27 创建视频文件

四、作　业

3～5人一组，分工协作。根据主讲教师提供的《生态工程治理水稻有害生物》书本内容、素材视频、英文版视频，并根据实际需要补充拍摄视频，编辑制作出一部《生态工程治理水稻有害生物》视频作品。

五、实验注意事项

视频制作的软件很多，方法也是多种多样的，本实验只简单介绍了视频制作的基本方法和步骤，更多操作技巧还有待学习者实践积累。

六、参考文献

[1] 李晓斌. 会声会影 X5 视频剪辑完全自学一本通. 北京：电子工业出版社，2012.

[2] 刘甫成. 常用非线性编辑软件比较. 科技风，2011，13：28—29.

[3] 阻截稻水象甲. http://blog. sina. com. cn/s/blog_45bde8370101429b. html 或 http://sannong. cntv. cn/program/kejiyuan/20101102/102281. shtml

[4] 会声会影 http://rj. baidu. com/soft/detail/15648. html？ald

（蒋艳冬）

实验 13 植物保护专业网页制作

一、背 景

随着科学技术的不断进步,网络和信息技术在植物保护领域的应用日益广泛。所有对植物保护感兴趣的人们,都可以在网上搜索关键词而发现许多与植物保护相关的网站,并得到自己所需要的信息资讯。植物保护网站的制作与完善为这门学科的发展提供了有力的支撑。作为一名植物保护专业的学生,学习设计网页、制作网站可以进一步将所学的专业理论知识和技术与实践相结合,将专业知识和技能与计算机技术相结合,将课本中学到的专业知识系统、条理地制作成生动形象的网页,化输入为输出,为植物保护信息传递添砖加瓦。

由于目前所见即所得类型的工具越来越多,使用也越来越方便,所以制作网页已经变成了一件轻松的工作,常见的工具有 FrontPage、Dreamweaver 等。

二、实验目的

1. 将植物保护理论知识和网页设计实践有机结合起来,训练学生的网页制作能力和开发技巧,锻炼学生分析问题的能力。

2. 熟悉和掌握计算机网页设计的基本技巧及网页制作相关软件等内容。通过实验操作,巩固所学的知识,提高网页设计水平,并向社会传递生态工程治理有害生物的科学理念、技术内涵、升级推广和实例。

三、实验步骤

以浙江大学农业与生物技术学院 2009 级植物保护班同学制作的"求是植物保护"为主线,一步步往下做。

(一)网页规划、系统分析(如图 13-1 所示)

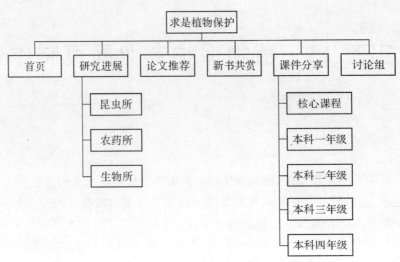

图 13-1　网页规划、系统分析

(二)新建网站,制作网站主页

1. 打开 FrontPage 2003,即出现一个空白网页(图 13-2),也可以通过点击右边新建菜单命令选择不同的模板。

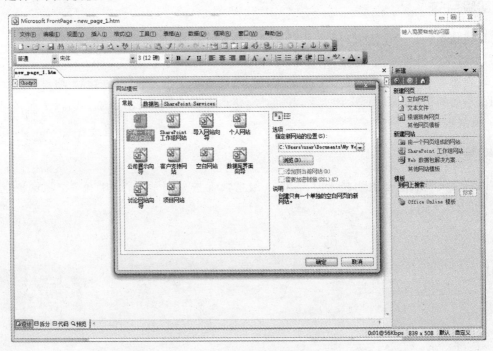

图 13-2　新建网站

2. 在空白网页上编辑内容,点击"插入"菜单,选择插入 Web 组件、图片、超链接等(图 13-3)。

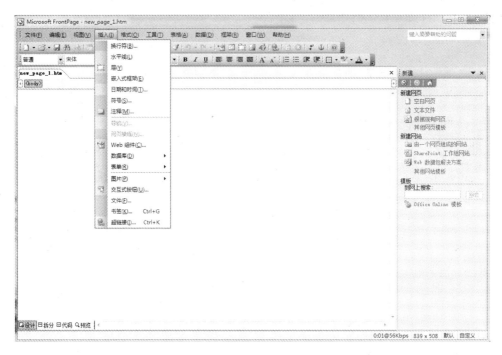

图 13-3 "插入"菜单

3. 选择"插入"菜单,选择"图片来自文件",添加主标题"求是植物保护",如图 13-4 所示(标题使用 Photoshop 等图片处理软件制作)。

图 13-4 插入主标题

4. 选择"插入"菜单,选择"图片来自文件",添加栏目标题,如图 13-5 所示(标题使用

Photoshop 等图片处理软件制作）。

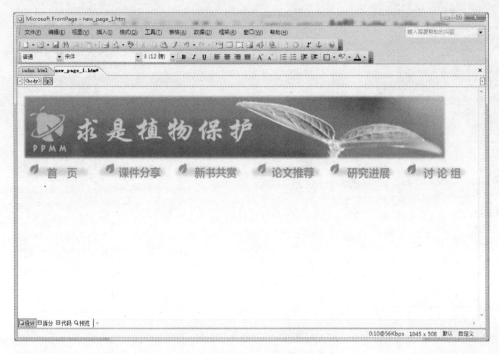

图 13-5　插入栏目标题

5. 选择"插入"菜单，选择"图片来自文件"，添加主页内容标题"我们因植保而相识"以及"FM09.01 植保声音"，如图 13-6 所示（标题使用 Photoshop 等图片处理软件制作）。

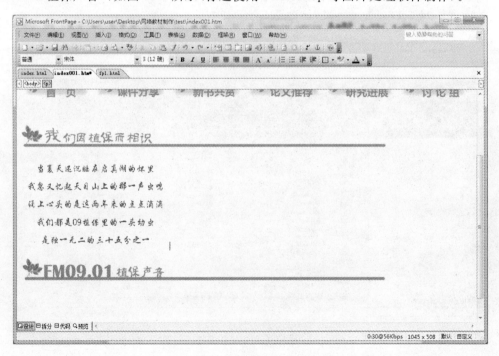

图 13-6　插入内容标题

　　6.插入"幻灯片式"图片。选择"插入"菜单，点击"图片"，选择"新建图片库"，点击"添加"，选择多张图片(图 13-7)。点击"布局"，选择"显示幻灯片"(图 13-8)，以幻灯片显示图片库，如图 13-9 所示。

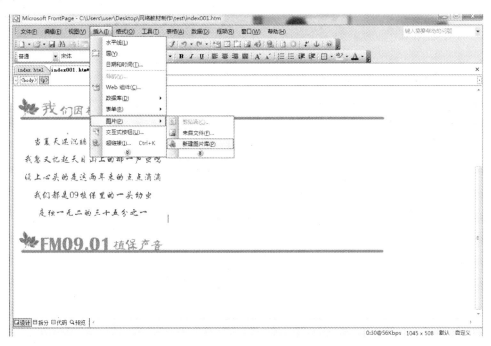

图 13-7　新建图片库

图 13-8　图片库属性

图 13-9　以幻灯片显示图片库

7.插入表格,选择"表格"菜单中的"插入表格",修改参数为 6 列 1 行,点击"确定"。在表格中输入文本"走进自然,轻揭植物的面纱——记植保系本科班'校园植物认知'系列活动"。

8.再新建一个空白网页,主标题和栏目标题与主页保持一致,加入"走进自然,轻揭植物的面纱——记植保系本科班'校园植物认知'系列活动"新闻稿内容,并储存,如图 13-10 所示。

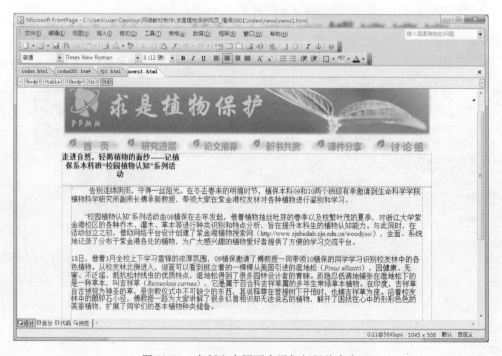

图 13-10　在新空白网页中添加新闻稿内容

9. 设置新闻稿超链接：选中文字"走进自然，轻揭植物的面纱——记植保系本科班'校园植物认知'系列活动"，右键点击"超链接"，在地址栏输入上一步骤保存的目录，如图 13-11 所示。

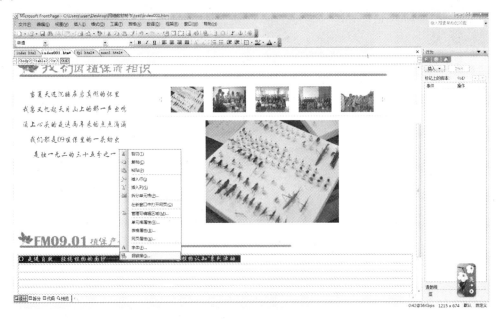

图 13-11　设置超链接

10. 设置网页超链接：首先输入文本或插入图片，然后右键设置超链接，在地址中输入目的网址即可，如图 13-12 所示。

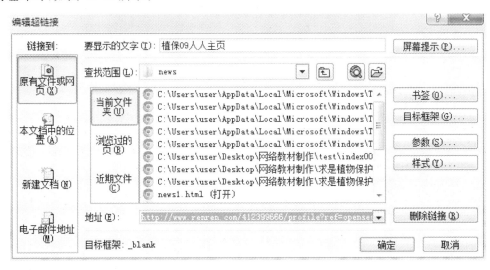

图 13-12　设置网页超链接

11. 制作"研究进展"栏目网页：首先新建空白网页，插入与主页一致的主标题和栏目标题。在标题下方，插入"层"，在创建的方框（layer1）中输入内容"昆虫科学研究所"、"农药与环境毒理研究所"和"生物技术研究所"，如图 13-13 所示。

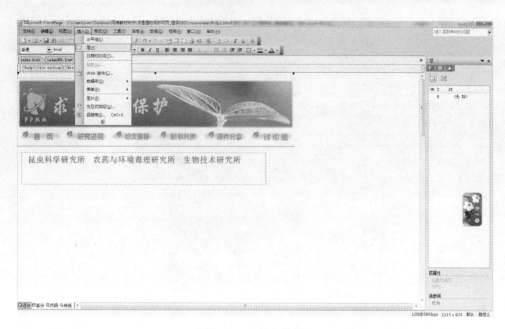

图 13-13　插入"层"

　　然后同样的,新插入"层",在方框(layer2)中输入昆虫科学研究所的研究进展,并插入相关图片充实内容,如图 13-14 所示。

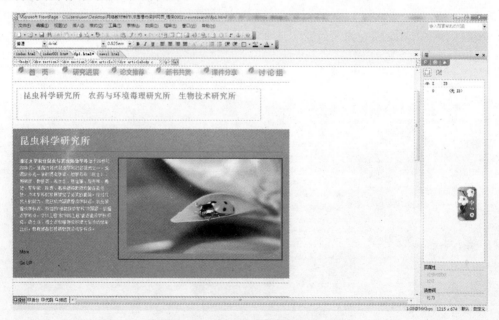

图 13-14　昆虫科学研究所研究进展

　　12.设置当前页超链接,选中标题"昆虫科学研究所",右键超链接,在地址中输入"♯layer2"(地址栏输入"♯"+目标名称),点击"确定"即可,如图 13-15 所示。

图 13-15　设置当前页超链接

13. 注册上网。

(1)注册域名:打开浏览器,在搜索引擎中输入"注册域名"有效关键字,选择一家域名注册网站点击进入,本例中选择"万网"。首先输入理想域名,看是否有效,是否已经被注册过或者字符有错误(图 13-16、图 13-17)。选择未被注册过的域名,加入购物车即可,选择购买年限。本例域名:plantprotection. cn;购买年限:3 年。在"用户中心"查看"我的域名"(图 13-18)。

图 13-16　输入域名

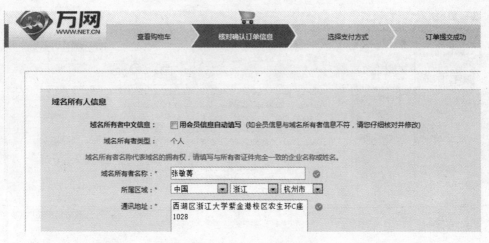

图 13-17　填写域名所有人信息

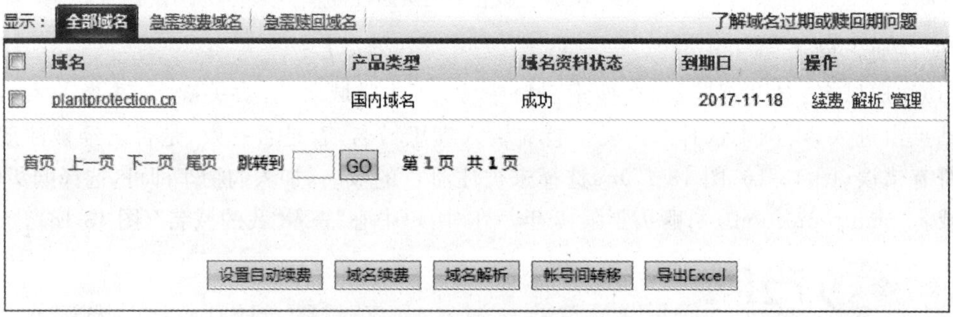

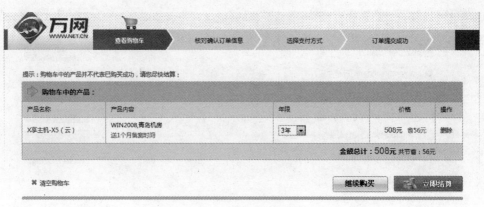

图 13-18　在"用户中心"查看"我的域名"

（2）购买虚拟主机：虚拟主机有多种类型，根据网站开发语言、数据库类型、网页空间大小等要素，选择合适的主机类型。本例选择"X享主机－X5（云）"（图 13-19）；网页空间：500M；单月流量：15GB；并发连接数：150 个；操作系统：Windows；机房：青岛；支持语言：ASP、.NET1.1/2.0/3.5/4.0、HTML、Perl5；数据库类型：ACCESS（限 50M）、SQL Server2008（50M）；购买年限：3 年。具体信息见图 13-20 至图 13-22。

图 13-19　购买虚拟主机

主机管理控制台

我的主机

| 初始化设置

• 账号信息

主机管理控制台地址：	FTP登录主机地址：	SqlServer数据库连接地址：
http://cp.hichina.com [加入收藏]	qxw1002060111.my3w.com	qds100231678.my3w.com
用户名：qxw1002060111	用户名：qxw1002060111	用户名：qds100231678
	[FTP客户端下载]	

图 13-20　设置虚拟主机账号密码

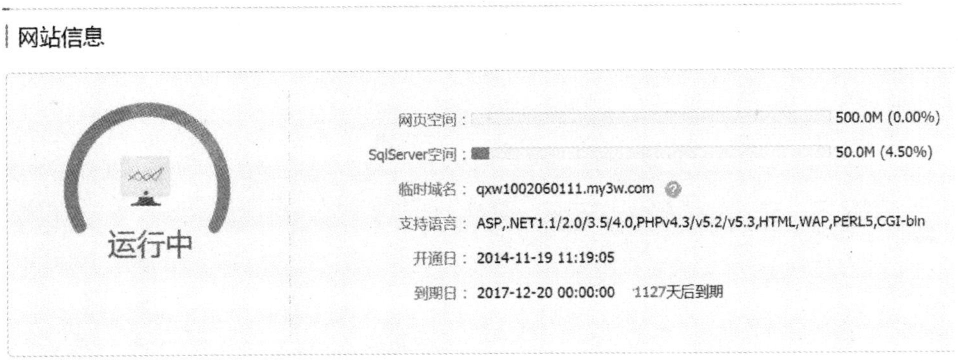

| 网站信息

运行中

网页空间：　　　　　　　　　　　　　　　　500.0M (0.00%)
SqlServer空间：■■■　　　　　　　　　　　50.0M (4.50%)
临时域名：qxw1002060111.my3w.com
支持语言：ASP,.NET1.1/2.0/3.5/4.0,PHPv4.3/v5.2/v5.3,HTML,WAP,PERL5,CGI-bin
开通日：2014-11-19 11:19:05
到期日：2017-12-20 00:00:00　　1127天后到期

图 13-21　查看虚拟主机网站信息

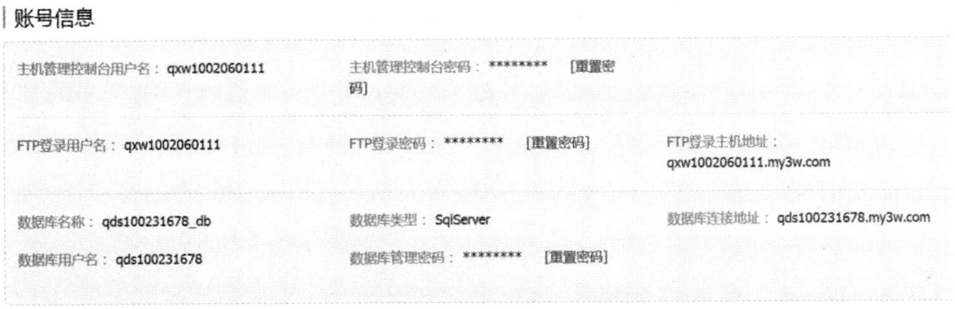

| 账号信息

主机管理控制台用户名：qxw1002060111	主机管理控制台密码：********　[重置密码]	
FTP登录用户名：qxw1002060111	FTP登录密码：********　[重置密码]	FTP登录主机地址：qxw1002060111.my3w.com
数据库名称：qds100231678_db	数据库类型：SqlServer	数据库连接地址：qds100231678.my3w.com
数据库用户名：qds100231678	数据库管理密码：********　[重置密码]	

图 13-22　查看虚拟主机账号信息

（3）绑定域名（图 13-23）

图 13-23　绑定域名

（4）网站备案

①注册备案账号（图 13-24）。

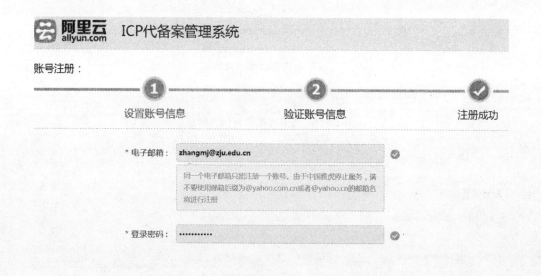

图 13-24　注册备案账号

②登录备案系统，选择首次备案，按要求填写备案信息，并提交至备案初审，可参见图 13-25～图 13-29。

填写 网站信息（接入商：阿里云）：

*请务必填写真实有效信息

* 网站名称：　植物保护

个人网站网站名称请避免使用 "某某网" 的名字命名

* 已验证域名：　www.　plantprotection.cn

网站其他域名：　www.

➕ 继续增加域名

* 网站首页url：　www.plantprotection.cn

图 13-25　填写备案信息

上传备案资料图片：

*请将证件原件、核验单原件清晰拍照或彩色扫描后上传，图片文件后缀只能是jpg、png、gif、jpeg，文件建议4M以下。

*上传主体负责人张敏青的身份证信息：

请您上传清晰、无污物、完整的身份证原件照片或彩色扫描件
若您需要上传的身份证正反面图片没有合成在一起，请在身份证正反面浏览框处分别上传，若您的身份证正反面已经合成在一张图片上只需在身份证正面的浏览框处上传即可

上传身份证正面图片　　　　上传身份证反面图片

示例：

正面　　　　　　反面

点击查看大图　　　点击查看大图

图 13-26　上传备案信息(1)

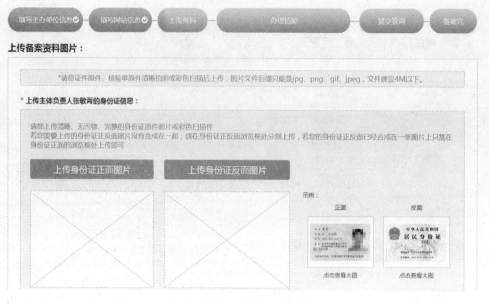

图 13-27　上传备案信息(2)

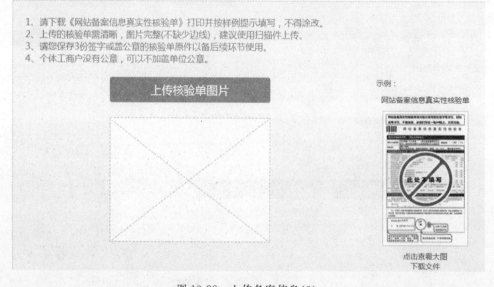

图 13-28　上传备案信息(3)

 您已经提交备案信息，阿里云 将在1个工作日内进行备案初审

请耐心等候，审核结果及下一步操作说明将在本页面更新。

备案订单号：23320172671　　当前备案进度：等待初审　　浏览备案信息｜查看审核历史｜撤销备案｜下载核验单

图 13-29　提交备案信息，等待初审结果

③收到初审结果,按要求办理拍照、邮寄资料。拍照有两种方式,一种是前往拍照核验点拍照,另一种是申请邮寄幕布,自行拍照后上传。本例选择后者(图 13-30)。

申请邮寄半身照背景图幕布:

*请填写准确信息以方便接收快递

* 收件地址区域:　浙江省　｜　杭州市　｜　西湖区　｜

* 收件地址(详细至门牌号):　浙江省杭州市西湖区浙江大学紫金港校区农生环C1028

* 收件人姓名:　张敏青

* 手机号码:　▇▇▇▇▇▇▇

公司名称(个人可不填写):　张敏青

* 备案订单号:　**23320172671**

* 幕布类型:　**阿里云幕布**

　　　　　　　　　　　　　　　　提交申请　返回

图 13-30　申请幕布

④按要求拍照并上传(图 13-31),与此同时邮寄《网站备案信息真实性核验单》原件三份(图 13-32),寄到河南省洛阳市洛龙区太康路东段洛阳信息通信产业园顺兴园区 9 号楼 4 楼,邮编:471000,收件人:信息认证事业部,联系电话:15139943094。

初审完成 ✓　　照片审核完成 ✓　　提交管局　备案完

您的照片已经审核通过,阿里云将在1个工作日内将您的备案信息提交至省通信管理局审核。

备案订单号:23320172671　　当前备案进度:等待提交管局　　浏览备案信息　查看审核历史　下载核验单

图 13-31　照片通过审核

23320172671

网 站 备 案 信 息 真 实 性 核 验 单

网站主办者基本信息：（网站主办者填写）

网站主办者名称	张敏青		网站类型	□单位 □个人
网站域名	plantprotection.cn			

网站备案信息核验内容：（接入服务单位填写）

一、主体信息核验内容：

核验网站主办者、网站负责人证件资质（网站类型为"个人"时只需核验个人证件资质，请在核验的对应证件下打"√"）

单位证件资质：□组织机构代码证书	□工商营业执照	□事业法人证书	□社团法人证书	□军队代号	□其他
个人证件资质：□身份证	□户口簿	□军官证	□港澳台胞证	□护照	□其他

网站主办者、网站负责人证件号码报备信息是否正确	□是 □否
是否留存网站主办者、网站负责人证件复印件	□是 □否
是否当面采集并留存网站负责人照片	□是 □否

二、联系方式核验内容：

网站负责人手机号码报备信息是否正确	□是 □否
网站负责人座机号码报备信息是否正确（网站类型为"个人"时选填）	□是 □否
网站负责人电子邮箱报备信息是否正确	□是 □否
网站负责人通信地址报备信息是否正确	□是 □否

三、网站信息核验内容：

网站名称报备信息是否规范	□是 □否	域名报备信息是否正确	□是 □否
网站服务内容/项目报备信息是否正确			□是 □否

是否有前置审批或专项审批文件(如有前置审批或专项审批文件，请在核验文件内容的对应类别下打"√")□是 □否

□新闻 　□出版 　□教育 　□医疗保健 　□药品和医疗器械 　□文化 　□广播电视节目 　□电子公告服务 　□其他

四、接入信息报备内容：

本单位是否正确报备接入信息(包括"接入服务提供者名称"、"接入方式"、"服务器放置地点"、"网站IP地址")□是 □否

五、是否留存网站备案信息书面文档　　　　　　　　　　　　　　□是 □否

网站备案信息核验承诺：（接入服务单位、网站主办者签署）

　　本单位（接入服务单位）已仔细阅读"《网站备案信息真实性核验单》填写说明"，对说明内容已全部知晓并充分理解，愿意遵守全部内容。承诺已对《网站备案信息真实性核验单》"网站备案信息核验内容"中包含的网站主办者提交主体信息、联系方式、网站信息，本单位报备的接入信息进行逐项核验；承诺以上核验记录真实有效。

　　核验人签字：　　　　　　　　　　　　　单位盖章（接入服务单位）：

　　日　　期：　　　年　　月　　日

- -

　　本人（本单位）已履行网站备案信息当面核验手续，承认以上填写信息和核验记录真实有效，承诺上述备案信息一旦发生变更，将及时进行更新，并愿意承担因网站备案信息不准确或更新不及时而采取的停止网站接入服务、注销备案等相应处理措施。

　　网站负责人签字：

　　日　　期：　　　年　　月　　日

图 13-32 《网站备案信息真实性核验单》

⑤等待管理局审核结果(图 13-33)。

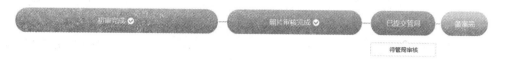

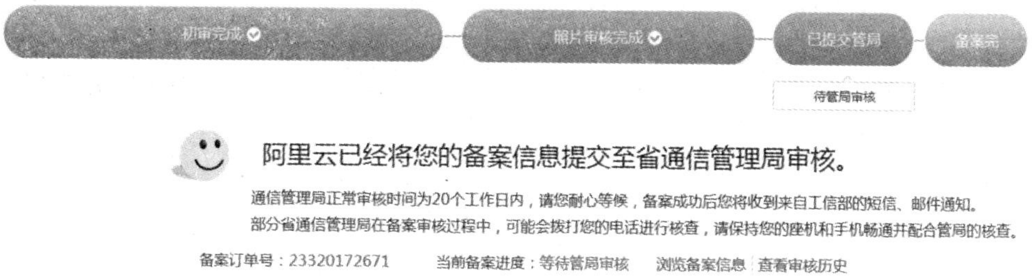

初审完成
照片审核完成
已提交管局
备案完
待管局审核
阿里云已经将您的备案信息提交至省通信管理局审核。
通信管理局正常审核时间为20个工作日内，请您耐心等候，备案成功后您将收到来自工信部的短信、邮件通知。
部分省通信管理局在备案审核过程中，可能会拨打您的电话进行核查，请保持您的座机和手机畅通并配合管局的核查。
备案订单号：23320172671
当前备案进度：等待管局审核
浏览备案信息
查看审核历史

图 13-33　省通信管理局审核

⑥审核结果(图 13-34)。

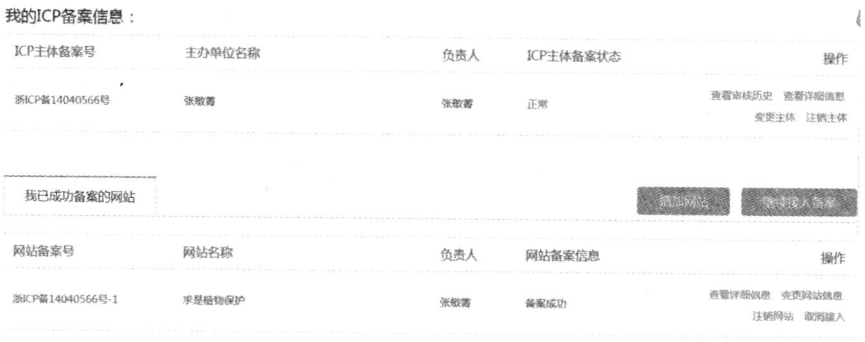
我的ICP备案信息：
ICP主体备案号
主办单位名称
负责人
ICP主体备案状态
操作
浙ICP备14040566号
张敏菁
张敏菁
正常
查看审核历史　查看详细信息
变更主体　注销主体
我已成功备案的网站
增加网站
继续接入备案
网站备案号
网站名称
负责人
网站备案信息
操作
浙ICP备14040566号-1
求是植物保护
张敏菁
备案成功
查看详细信息　变更网站信息
注销网站　取消接入

图 13-34　审核通过

(5)上传网页至 FTP

①启动 CuteFTP v8.0,点击“站点管理器”选项卡,如图 13-35 所示。

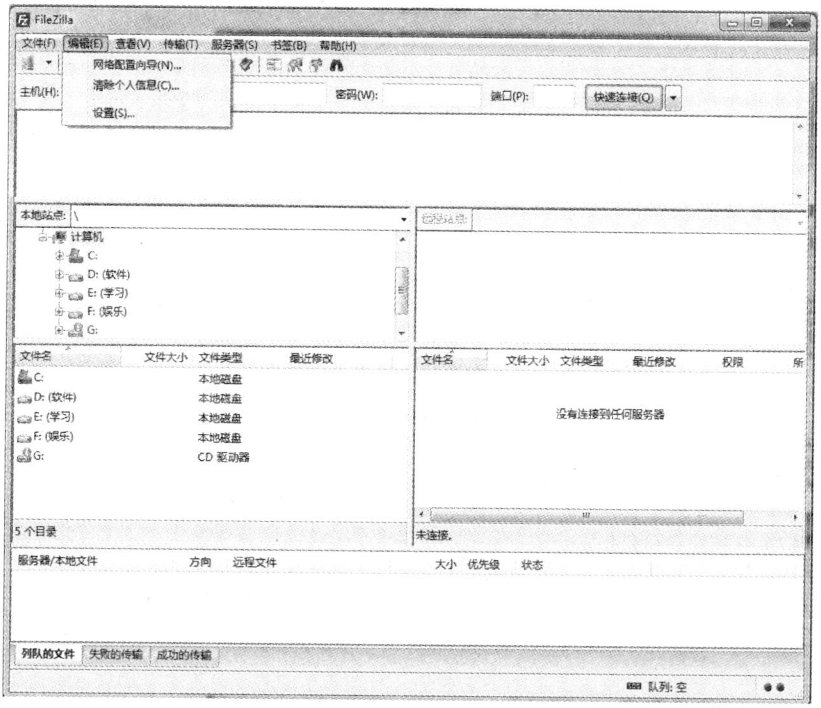
FileZilla
文件(F)　编辑(E)　查看(V)　传输(T)　服务器(S)　书签(B)　帮助(H)
网络配置向导(N)...
清除个人信息(C)...
设置(S)...
主机(H):
密码(W):
端口(P):
快速连接(Q)
本地站点:
计算机
C:
D: (软件)
E: (学习)
F: (娱乐)
G:
文件名　文件大小　文件类型　最近修改
本地磁盘
CD 驱动器
5 个目录
文件名　文件大小　文件类型　最近修改　权限
没有连接到任何服务器
未连接。
服务器/本地文件　方向　远程文件　大小　优先级　状态
列队的文件　失败的传输　成功的传输
队列: 空

图 13-35　CuteFTP v8.0 操作界面

②点击"新站点",打开站点属性界面,建立 FTP 站,然后定义站点标签,可任意填写(图 13-36)。"FTP 主机地址"中填入虚拟主机 IP 地址,如 121.42.133.162,"站点用户名"中填写管理员用户名,"站点密码"中填写密码。输入密码时,框中只有 * 字,防止被别人看到。登录类型请选择"标准",端口设置为"21"。

图 13-36　添加新站点

登陆后,我们可以看到的界面分为以下四部分:

上部:命令区域(工具栏和菜单)。

中间(分左、右两边)左边:本地区域,即本地硬盘,上面两个小框可以选择驱动器和路径。

右边:远程区域即远端服务器,双击目录图标可进入相关目录。

下部:记录区域,从此区域可以看出:队列窗口,程序已进行到哪一步;日志窗口,连接的日志。

③上传网页:从本地区域选定要上传的网页或文件,双击或用鼠标拖至远程区即可完成上传工作。连接至远程服务器后可利用鼠标右键中的常用选项对远端文件和目录进行操作,如删除、重命名、移动、属性等功能。如果需要在服务器端新建目录,请服务器端空白地方点击鼠标右键进行操作。

(6)域名解析(图 13-37)。

图 13-37　域名解析

(7)测试网站域名(图 13-38)。

图 13-38　测试域名

(8)测试网站

输入域名:www.plantprotection.cn,回车,进入网站,如图 13-39 所示。

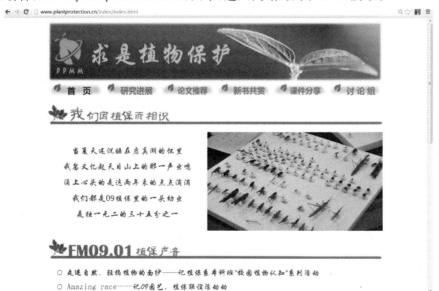

图 13-39　测试网站

四、实验注意事项

1. 当编辑好网页后,必须把图片、按钮等文件与网页文件保存在同一子目录下,否则打开网页后,图片将无法显示。

2. 请同学们勤于实践探究,在使用实验步骤中介绍的网页基本制作方法的基础上,更要摸索 FrontPage 软件中的其他功能,例如插入媒体插件、动态文字及图片、自定义超链接等。

五、作　业

全班同学共同完成制作一个网站,主题为"生态工程治虫,植物保护要术"。以 3～4 人一组,根据主讲教师和助教的要求,使用提供的《生态工程治理水稻有害生物》一书(祝增荣等,2012)及其电子版素材,每组承担一个模块网页的设计与编辑,再由一个小组制作主页,将其他小组制作好的网页通过超链接的方式整理成一个完整的网站。要求内容充实、条理清晰、整洁美观、图文并茂、生动形象。

六、参考文献

[1] 贺晓霞. FrontPage 网页制作基础练习＋典型案例. 北京:清华大学出版社,2006:331.

[2] 黄洪杰. 网页制作基础教程:FrontPage. 北京:电子工业出版社,2007:250.

[3] 祝增荣. 生态工程治理水稻有害生物. 北京:中国农业出版社,2012:125.

（张敏菁）

实验 14　植物保护专业的公共微信制作

一、背　景

　　"微信已消灭短信,下一个目标是消灭电话",这是凤凰网数码版 2014 年 11 月 12 日的一条新闻标题,起因是微信在"双十一"正式推出了微信电话本,其界面、操作及感受与手机电话几乎无差别,且为免费,尽管互联网上对于微信是否已消灭短信的争议一直存在,但微信这种不惧怕陷入非议的态度也表明了其强大的实力。

　　2010 年 10 月腾讯启动微信开发项目,次年 1 月 21 日发布微信 1.0 iPhone(测试版),在接下来的 5 天时间中发布了微信 1.0 的 Android(测试版)和 S60v3(测试版),到目前为止,微信已几乎完全覆盖现有的移动通讯工具操作平台(表 14-1),网页版也在逐渐更新中(微信官网 http://weixin.qq.com/cgi-bin/readtemplate?uin=&stype=&promote=&fr=&lang=zh_CN&ADTAG=&check=false&nav=faq&t=weixin_faq_list)。截至 2013 年 11 月注册用户量已经突破 6 亿,活跃用户超 3.5 亿,是亚洲地区用户群体最大的移动即时通讯软件。微信因其隐私保密、信息编辑方便、支持语音通讯以及花费极少等优点正在改变着人们的沟通与生活方式(叶林洁,2013;李永凤,2014)。

表 14-1　微信各平台最新版本

操作平台	最新发布版本	发布时间
iPhone 平台	6.0.1	2014-11-06
Mac 平台	1.2	2014-11-10
Android 平台	6.0	2014-10-14
Windows Phone 平台	5.3	2014-09-03
BlackBerry 平台	3.6	2014-06-05
Symbian 平台	4.2	2013-02-01
Series 平台	2.0	2013-10-21

　　为了更好地服务媒体、政府、学校以及企业等机构,微信公众平台于 2012 年 8 月 23 日正式上线,曾命名为"官号平台"和"媒体平台",最终定位为"公众平台",到目前已有 200 多万个公共账号为 6 亿多微信用户提供海量的信息服务,拓展了微信的传播渠道(晏九珺,2014)。各行业组织可以注册自己的微信公众平台,宣传自己的业务,扩大自身影响力(张德申,2013)。目前有两种平台可供选择:服务号或者订阅号(两者的异同见表 4-2),4.5 版本之前申请的订阅号有一次机会可以升级到服务号,新注册的微信公众平台账号在注册到第四步时

会有订阅号或服务号的选项提示,一旦选定不能更改:企业注册时一般选择服务号,因为腾讯在后期会对服务号有一些高级接口开放,以便企业更好地利用微信公众平台服务客户;个人申请时则只能申请订阅号。微信公众平台的发布以及订阅方式主要通过二维码来实现,且品牌 ID 一般会出现在二维码的正中,当然也可以通过查找复杂的微信号来进行添加。当微信公众号具有一定的知名度且订阅用户达 500 以上时,即可申请认证,认证后的微信公众平台在现有基础上会增加 9 种新的开发接口,给企业、媒体和机构提供更多的微信应用。现在,微信公众平台新推的企业号也可以为企业或组织提供移动应用入口,帮助企业建立与员工、上下游供应链及企业应用间的链接(微信公众平台官网 https://mp.weixin.qq.com/)。

表 14-2　微信服务号与订阅号的功能比较

功能异同点	服务号	订阅号
可发消息数量	1 个自然月内仅可发送 4 条群发消息	每 24 小时可以发送一条群发消息
信息展现方式	发送给订阅用户的消息会显示在对方的聊天列表中,直接出现在微信的首页	显示在对方的"订阅号"文件夹中,点击两次才能打开看到信息
消息实时性	即时消息	非即时消息
存在位置	出现在订阅用户的通讯录服务号文件夹中,点击可看到所有服务号,可申请自定义菜单	出现在通讯录订阅号文件夹中,点击可看到所有订阅号
相同点	群发推送:公号主动向订阅用户推送重要通知或趣味内容; 自动回复:用户根据指定关键字,主动向公号提取常规信息; 1 对 1 交流:公号针对用户的特殊疑问,为用户提供 1 对 1 的对话解答服务	

（内容来源:百度百科"微信公众平台"http://baike.baidu.com/view/9212662.htm)

微信公众平台的工作原理如图 14-1 所示。

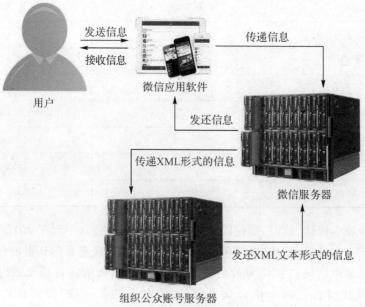

图 14-1　微信公众平台工作原理

　　用户发送的信息被微信公众平台服务器(微信服务器)接收后会被封装成 XML 文本的形式,通过 HTTP POST 的方式向后台服务组(组织公众账号服务器)传递,后台服务组接收文本后通过解析获取消息类型、消息关键字等有用信息,并据此做出响应,响应的信息亦被封装成 XML 文本形式发还给微信公共平台服务器,并由其解析后将正确的信息发送到用户的客户端上(罗煦钦等,2014)。

　　在中国知网搜索栏中键入“微信”两个字,得到 41478 条结果,内容涵盖了企业微信营销、校园新闻宣传、移动图书馆服务、课程实验教学应用、科技期刊应用等工作学习生活的各个方面;进一步筛选后,我们就可以得到 377 条与农业经济相关的文献条目,包括农产品营销、农业技术推广、农业信息发布以及植保动态传递等。微信公众平台在植保动态传递方面有几个成功的应用案例,如“马铃薯全程植保”。该微信公众平台从小处做精致,专注于马铃薯一种作物,为订阅用户提供:①马铃薯全程选种、施肥、用药技术指导服务;②土地资源信息;③马铃薯收购行情信息;④专业种植合作机会;⑤金融信贷信息;⑥政府政策、补贴信息(图 14-2)。自其建立后的几年以来,该公众订阅号每两天为用户提供一条与马铃薯相关的动态信息,在农业领域和植物保护工作人员中取得了一定的知名度。微信公众平台“马铃薯全程植保”可扫描右边二维码链接。

微信公众平台
“马铃薯全程植保”二维码

　　虽然说植保技术依靠长时间积累起来的专业权威性具有众多的传统媒体关注用户,但在如今新媒体、微传播的时代,植保行业也应与时俱进,通过新媒体与大众保持紧密的接触和互动,扩展用户覆盖面,加快传播速度。借助微信公众平台,能更好地为农业生产保驾护航,使农民增产增收,提高农产品的品质,促进人民生活水平的提高。

　　在全球科技迅速发展的今天,各种新媒体和微传播不断涌现,不久的将来,农业技术的推广、农业生产信息的获取、植保信息的传递以及与农民之间的沟通合作必定是要通过这些新媒体来实现的,作为一名植保专业的学生,我们更应走在时代的领先地位,将自己培养成具有信息学、农学知识以及编辑、咨询服务能力的高素质人才。

二、实验目的

　　1.设计一个微信公众平台;

　　2.注册一个微信公众平台;

　　3.实际维护该微信公众平台的日常运行。

三、实验步骤

　　1.在浏览器中输入微型公众平台官网地址:https://mp.weixin.qq.com/,进入页面后,点击右上角立即注册,进入注册页面(图 14-3),按提示填写基本信息(图 14-4)。

图 14-2　微信公众平台"马铃薯全程植保"相关内容

图 14-3　注册界面

图 14-4　基本信息

2.填写基本信息后点击注册,在邮箱激活页面点击登录邮箱进行邮箱激活(图 14-5),邮箱激活后才能继续申请。

图 14-5　邮箱激活

3.邮箱激活后,选择服务号类型(图 14-6),班级申请一般属于个人申请,可选择订阅号。

图 14-6　选择类型

4. 登记用户信息，确定所选账号类型为订阅号（图 14-7），在主体类型中选择个人，继续填写详细信息，并按要求拍摄、上传证件照片（图 14-8）。

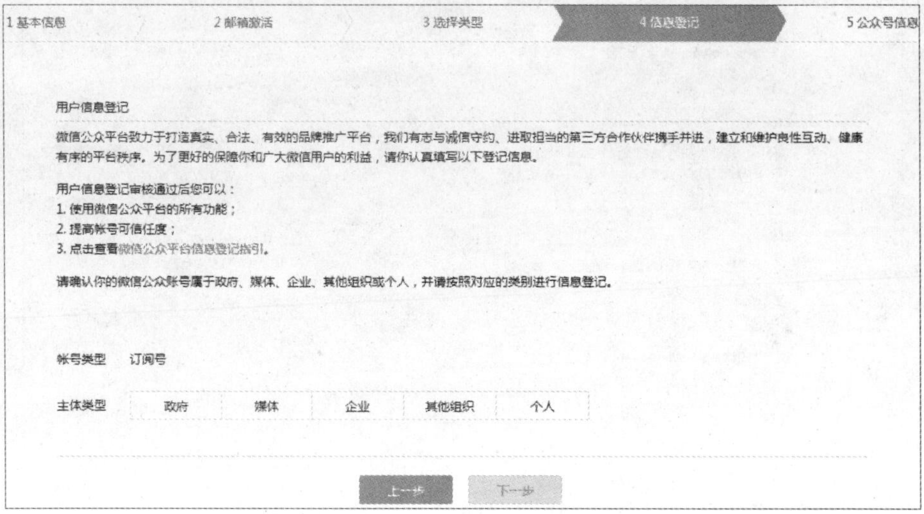

图 14-7　个人信息登记 1

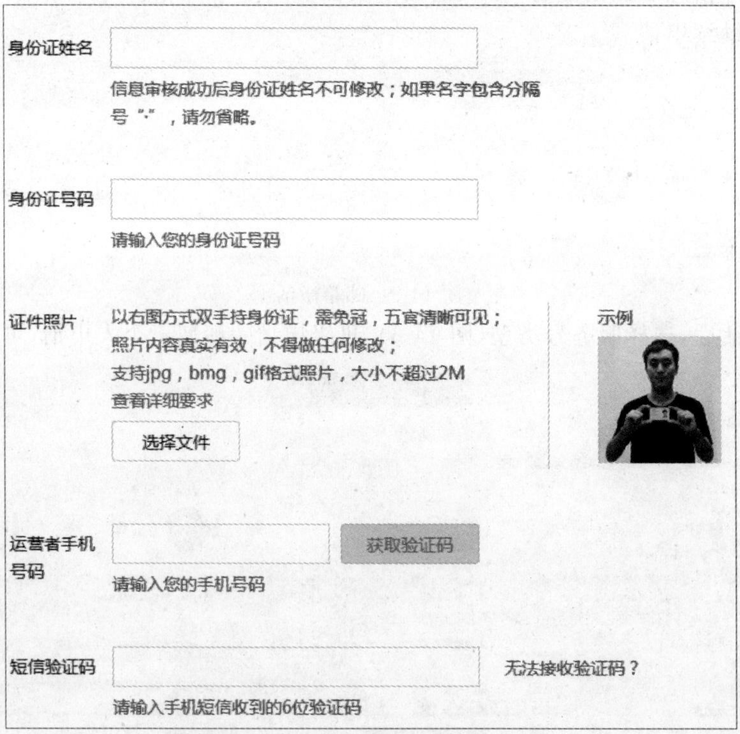

图 14-8　个人信息登记 2

5. 填写账号名称、功能介绍和运营地区（国家）（图 14-9）。信息提交后，微信团队会在 7 个工作日内进行审核。通过审核前，你无法申请认证，也无法使用公众平台群发功能和高级功能。

图 14-9 账号介绍设置

6.审核通过后,登录账号即可进行账号二维码、头像等的设置,并可使用微信公众平台向订阅用户群发消息。如图 14-10 所示是浙江大学农业与生物技术学院 2010 级植保专业学生注册的"生态工程治虫"微信公众平台。

微信公众平台"生态工程治虫"可以通过扫描右边二维码进入。

微信公众平台
"生态工程治虫"二维码

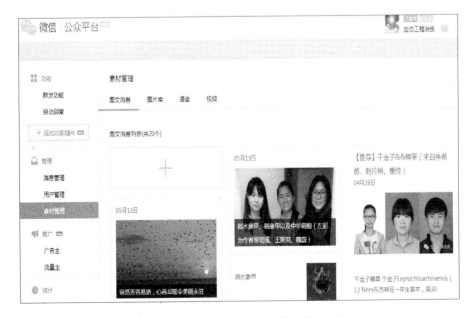

图 14-10 微信公众平台"生态工程治虫"

7.在使用微信公众平台功能时,可以向订阅用户群发文字、图片、语音、视频等类别的内容,还设有自动回复功能等。

四、实验注意事项

1.注册到第 2 步时,选择的邮箱不能是已经注册过个人微信号的邮箱。

2.注册到第 3 步时,注意每个邮箱仅能申请一种账号:服务号、订阅号或企业号,对于企业或高校、政府等用户,建议申请服务号或企业号,个人申请只能申请订阅号。一旦成功建立账号,类型不可更改。

3.申请完成弹出的对话框中会提示该账号不支持手机登录,请使用公众平台管理账号,这时我们可以绑定一个私人微信账号,通过私人账号上的公众号助手,向所有公众号的订阅用户群发消息。

4.个人申请的订阅号一天可以发布一条群消息。

五、作　业

全班同学合作完成,班级内讨论决定一个主题,并以此主题注册一个公共微信平台,3～4人一组,其中一组负责注册并完善账号,其他小组每组分担一块内容的编辑,发布到该微信公众平台上。

六、参考文献

[1] 陈文静.微信服务在福建省农业信息传播中的应用探索.台湾农业探索,2014(2):65—68.

[2] 凤凰网 http://digi.ifeng.com

[3] 郭蓉.微信公众平台:校园文化传播的新媒介.今传媒·文化传播与教育,2014(6):155—156.

[4] 李永凤.微信:从即时通讯工具到综合信息服务平台.新兴传媒,2014(8)上:53—55.

[5] 罗煦钦,张科良,童小虎.微信公众平台在农业技术推广中的应用.浙江农业科学,2014(7):1115—1118.

[6] 石婧,段春波,周白瑜,等.科技期刊应用微博微信平台影响力评价初探.中国科技期刊研究,2014,25(5):655—660.

[7] 汪顺义,宋萍.微信在大学有机化学实验教学中的应用探索.教改教法,2014(8)上:48—49.

[8] 微信公众平台官网 https://mp.weixin.qq.com/

[9] 微信官网 http://weixin.qq.com/

[10] 晏九珺,孙伟.从传播方式探析传统媒体试水微信的对策.今传媒,2014(6):84—85.

[11] 叶林洁.微信对信息传播的影响.艺术科技·文化产业,2013(6):72.

[12] 张德申,秦红亮.微信公众平台开发——订阅号功能开发研究.电子技术与软件工程·软件开发,2013(19):66—68.

（钱　萍）

附录　课程论文参考选题

一、"现代植物保护信息技术"课程论文参考选题

(一)参考选题

1.植物保护信息流现状及其改进设想。

2.植物保护中数理统计技术运用现状与设想。

3.谈谈如何应用计算机技术实现病虫害鉴定的设想。

4.试谈遥感、全球定位系统、地理信息系统等"3S"技术之一在植物保护领域中的运用及其前景。

5.植物保护系统分析和模拟的现状与前景或设想。

6.植物保护网络教材的现状与前景。

7.移动互联网在植物保护中应用的现状与前景。

8.物联网在植物保护中应用的现状与前景。

9.公共微信号在植物保护中应用的现状与前景。

10.植物保护大数据的现状与前景。

(二)要求

1.选题合适,同学间的内容不得雷同。

2.逻辑条理清晰。

3.字数恰当,2000字左右。

4.格式:题目、年级、学号、姓名、前言、正文、分层次论述、参考文献。

5.参考文献必须以近5年内的为主,可以包括网站。

6.在考试周前发送电子稿至任课教师邮箱。文件名为"学号-姓名-IT4PP"。

7.评分标准:内容、逻辑条理、格式字数、参考文献、按时提交等方面各占40%、20%、20%、10%、10%。

二、简述"植物保护信息技术"课程的主要内容、学习感想和建议(500字)。作为平时成绩的一部分

图 7-1　素材图（水稻）

图 7-2　效果图

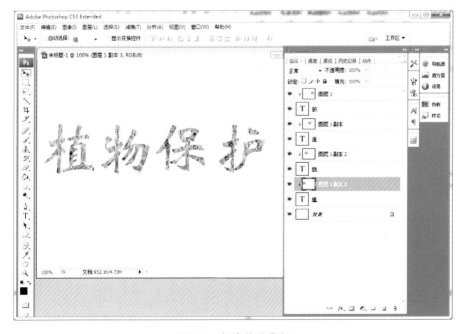

图 7-4　创建剪贴蒙版

图 7-6　创建"横排蒙版文字"

图 7-7　编辑横排蒙版文字

图 7-9　最终效果图

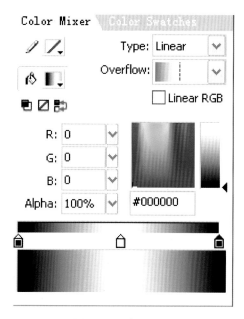

图 8-4　混色器面板

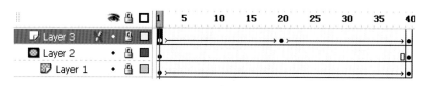

图 8-11　遮罩层

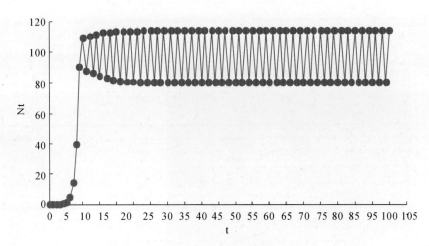

图 9-4　输出值变化趋势

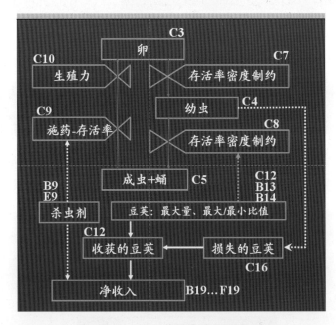

图 9-6　可可荚螟模型流程图

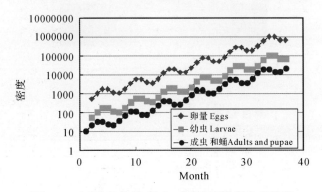

图 9-8　可可荚螟卵量、幼虫、成虫和蛹数量变化情况

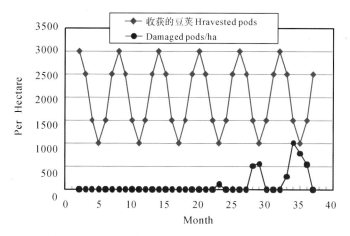

图 9-10　可可豆荚收获量与为害量（改变防治效果）

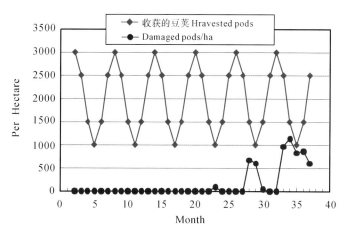

图 9-12　可可豆荚收获量与为害量（改变幼虫存活率）

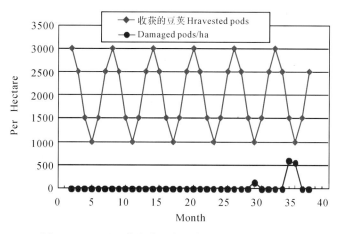

图 9-13　可可豆荚收获量与为害量（改变卵存活率）

图 11-1　搜索 IPM WORLD TEXT BOOK

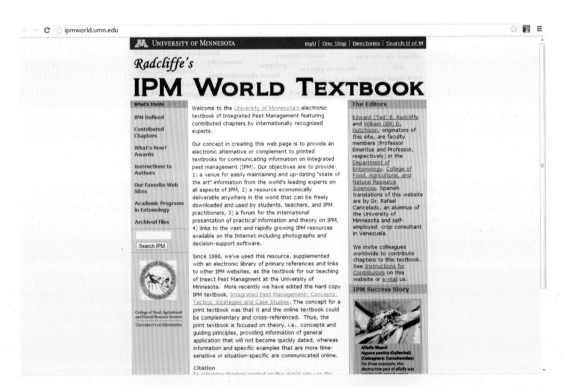

图 11-2　IPM WORLD TEXT BOOK 网站界面

图 12-1　会声会影 X5 全功能编辑界面

图 12-7　时间轴视图

图 12-8　素材库

图 12-9　分割素材(一)

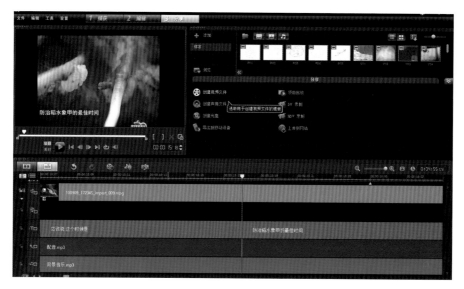

图 12-26　"分享"步骤

图 13-3　"插入"菜单

图 13-9　以幻灯片显示图片库

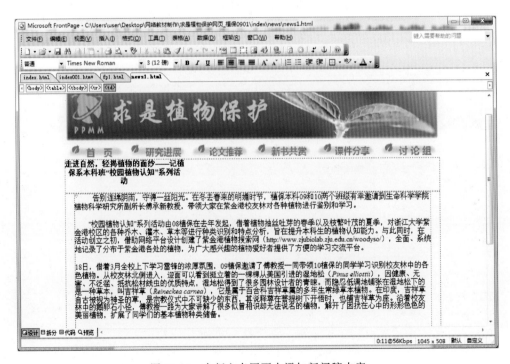

图 13-10　在新空白网页中添加新闻稿内容

图 13-11 设置超链接

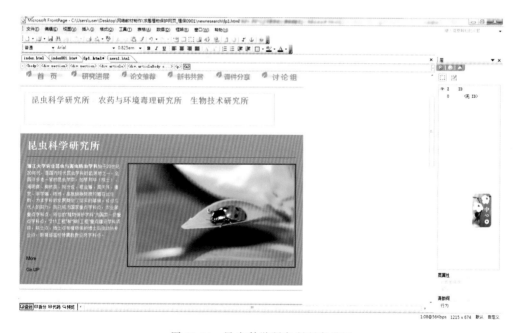

图 13-14 昆虫科学研究所研究进展

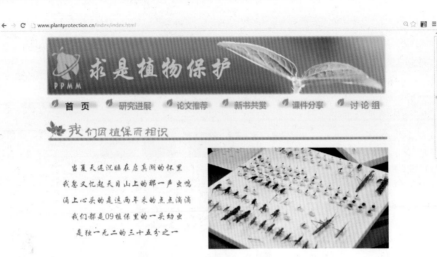

图 12-39　测试网站

图 14-2　微信公众平台"马铃薯全程植保"相关内容